环境艺术设计教学与实践研究

赵学凯 ◎ 著

中国民族文化出版社

北　京

内容简介

本书以环境艺术设计的实践与创新为基础，对环艺设计专业的教学进行了深入研究。对环境艺术设计的概念、现状以及未来发展趋势进行了深入研究和探讨；对于环境艺术设计的呈现方式以及其所扮演的角色，我们进行了深入的分析，并对我国环境艺术设计教育的发展历程进行了全面的回顾；对于环境艺术设计的实践与创新，我们深入探讨了其方法和方式，以期达到更为卓越的效果。本文旨在为高校相关专业学生提供一个全面认识环境艺术设计学科及研究方向的视角，同时也是为了促进环境艺术教育的健康持续发展。通过纵向回顾国内主要院校环境艺术设计专业的发展历程，并横向比较国内外主要院校环境艺术设计专业的现状，旨在发现该专业在当前发展过程中所面临的实际差异，最终提出环境艺术设计教学和实践的对策和解决方案，以帮助读者深入了解环境艺术设计的概念和作用，并掌握环境艺术设计的实践和创新。

图书在版编目（CIP）数据

环境艺术设计教学与实践研究 / 赵学凯著 . -- 北京
中国民族文化出版社 , 2023.10
ISBN 978-7-5122-1834-5

Ⅰ . ①环… Ⅱ . ①赵… Ⅲ . ①环境设计—教学研究
Ⅳ . ①TU-856

中国国家版本馆 CIP 数据核字（2023）第 199854 号

环境艺术设计教学与实践研究
HUANJING YISHU SHEJI JIAOXUE YU SHIJIAN YANJIU

作　　者	赵学凯
导　　读	侯忠义
责任编辑	赵卫平
责任校对	王　品
装帧设计	宋双成
出 版 者	中国民族文化出版社　地址：北京市东城区和平里北街 14 号 邮编：100013　联系电话：010-84250639　64211754（传真）
印　　装	三河市兴国印务有限公司
开　　本	787mm×1092mm　16 开
印　　张	12.5
字　　数	302 千
版　　次	2024 年 1 月第 1 版
印　　次	2024 年 1 月第 1 次印刷
标准书号	ISBN 978-7-5122
定　　价	55.00 元

PREFACE

前　言

从历史上来看，我们国家建立"环境艺术设计"这一专业的历史并不长久。20世纪80年代末，清华大学首次开展了环境艺术设计专业的本科教学，但是在之后很久都没有引起足够的关注。近几年来，由于我国经济的发展和人民的生活质量的不断提升，使得环境艺术设计逐渐成为一种时尚。虽然"美学""心理学""设计学""传播学"等多个领域相互交织，构成一个综合性的、以"实践教学"为主要内容的学科体系。它与以上各门课程有较大的联系，但又与以上各门课程有着很大的区别，因为其更注重在学生在具备一定的理论知识之后，能够熟练地利用设计思维来进行创作。实践性教学对环境艺术的多元功能。

在教学实践中，既可以验证所学的理论，又可以使所学的感性知识上升为理性知识。尤其是有些知识点可以从短期到长期的转换。如果只是单纯地进行理论知识的学习，或是将理论知识与教学实际不能有机融合，那么就会导致学生对理论学习丧失兴趣，或产生懈怠心理，从而对专业理论知识的学习造成不利的影响。但是，假如可以将这两种方法进行组合，比如，利用"设计案例分析""设计方案表现"等，也可以让学生对所学的理论知识进行进一步的强化，进而为相关实践技能的积累奠定良好的基础。但是，在实际操作过程中，也不能过于坚持某种方式。有关实践教学的手段和方法都应该以实际操作环节为依据，一步一步地向前发展，并应该持续地进行创新，从而让实践教学可以与理论教学真正地融合在一起。对于在实际操作过程中产生的问题，首先要从理论上找到产生问题的原因。只有通过这种方式，实际操作技巧和理论课的学习才能互相提高。

环境艺术设计是一门应用科学。其设计成果不仅有利于改善人民生活质量，营造适宜居住的生产生活环境；对学生来说，这是一种更好的审美体验。其特殊性和所牵涉到的学科系统较为复杂。但是，缺乏与实践性的结合，学生在课堂上的学习就会陷入消极的境地。有效而恰当的实践是提高学生学习积极性的重要途径。在理论性的研究上，老师们就不会再为"学生爱不爱学，能不能听懂"而苦恼了。因为，他们的关注点将会集中在从理论上学到的东西，怎样应用到实际中去。

正是在这样一种理念之下，作者才将本著编写出来，从而，作者期望可以多角度、宽视野的进行思考，以多角度、宽视野为出发点，激发学生的创造性思维，注重以启发性为导向，充分激活和调动学生的设计思维，进行一些尝试和探索，让学生可以以更加广阔的视野去看待所要处理的问题，力求通过多种方式和路径，达到最后的设计效果，从而发掘和激发学生的潜能和独特的造型意识。

本书的独特之处在于其几个显著的特点：

第一，我们的研究目标在于培养具备系统性、广泛知识面和深厚基础的高级应用型设计人才，这些人才具有独特的专业特征。

第二，我们致力于培养和教育学生具备创新的设计思维，注重培养他们在日常生活中敏锐的问题发现和问题分析能力。基于此，在学习中不断提高自己的动手操作能力。培养学生具备精准判断问题的能力，并能够及时提出最优解决方案，以确保问题得到妥善解决。通过对学生进行创新意识与创新能力的培养，提高学生的综合素质和实践能力，为今后从事相关行业奠定基础。学生是否能够在步入社会后获得成功，取决于多种因素的综合作用。

第三，设计专业的健康发展离不开对基础知识、实践技能、专业知识和社会实践的全面把握，只有这样才能为其奠定坚实的基础。同时，重视理论与实际相结合。若缺乏全方位的涵养，设计师的素养将难以达到较高水平。只有掌握扎实的知识技能，才能更好地进行设计创作。因此，该教程精准地抓住了问题的本质，抓住了关键所在，其教学成果具有高度的可靠性。

第四，重视自主学习和创新精神的训练，这是一种积极的学习方式，一个不会自主的人，是绝对不会有什么出息的。因此，要对学生进行积极的思维训练，让他们能够积极地去发现问题，并能够科学地、理性地提出一些可以帮助他们更好地去解决问题的方法。在众多学生的创作中，我们可以感受到丰富的教研成果。

因其学术见解、材料的代表性和作者所涉学科和文化程度的限制，本书不可避免地有一些缺陷，还望读者和学者们多多斧正。

CONTENTS

目 录

1

第一章 环境艺术设计基础概论

工业文明使人类的社会得到空前的发展。但是，随着工业化的发展，人类所依赖的自然环境也受到越来越多的掠夺和破坏，自然生态资源越来越少，环境质量也越来越差，污染也越来越严重。在这个时候，人就会清醒过来，注意到他们所处的环境。为此，1992 年在里约热内卢举行的"环境与发展会议"，以"可持续发展"为主题，以寻找既能符合当代人类的发展方式，又能不损害未来人类的利益。可持续发展理念已在全球形成一个共同的认识，并逐步形成一个以可持续发展理念为指导的发展政策制定过程。现代环境艺术设计正是在这种情况下产生的。

第一节 环境艺术设计的概念和范畴

一、环境艺术设计的含义

单就"环境"一词的字面意义而言，它的涵义是非常宽泛的。"环境"，在更广泛的意义上，泛指以人为中心，以生命为中心的一切物质，特别是以人和生命体为中心，构成与之相互作用和活动的外部世界。我们一般所说的环境，是与人类生活的外在环境有关的，也就是与人类发生联系的环境，它包括：自然环境、人造环境、社会环境。自然环境是自然形成的自然体系，包括山川河流，地形地貌，植被等；人造环境，指的是人类主观上所创造出来的物质环境，它包括人类的生活和生活体系，如城市，乡村建筑，道路，广场等。社会环境是由人类社会结构、生活方式、价值观念、历史传统等因素所形成的一种无形的社会环境。这三种因素相互影响，相互配合，相互促进，形成了人类生存的真实环境。"环境"这个观念的范围是在人类社会持续发展的过程中，在人们生活的范围越来越广的同时，也在逐渐增加其新的含义。

作为人工创作的环境艺术，虽然是在自然环境以外进行的，但也不可能完全离开自然环境本身，而是要扎根于自然环境之中，与自然环境和谐共存。如果在创作过程中，环境艺术的创作需要对森林植被、气候、水源、生物等自然生态资源展开无节制的使用或者是破坏，那么它不但会重复机械文明时代的错误，还背离了现代环境艺术的科学性、艺术性及可持续发展的本质。所以，在进行环境艺术设计时，要用与自然相协调的总体理念来进行创作，把生态学的理念和生态的价值观作为最基本的准则，对人们生活在可持续发展中的需要进行充分的衡量，使其变成一种与大自然相结合的生态艺术。

环境艺术设计是一种以人为中心的设计，它的终极目标是给人们创造一个适合他们生活和生存的地方，它将人们对环境的需要，也就是人们对物质和精神上的需要置于首要位置。环境艺术的重点在于对人体工程学、环境心理学、行为学等领域的学习，对人的生理心理特征和需要进行科学的、透彻的理解和把握，在满足人们的物质需要的同时，还要满足人们的心理、审美、精神、人文思想等多个领域的需要，使用户可以体会到人的人文关怀，从而使他们的精神和意志都可以获得最大程度的发挥。从应用功能、经济价值、舒适美感和环境气氛等角度，全面地考虑了人们的需求。因此，它是一门"以人为本"的学科。比如，在进行环境艺术的设计时，一般都会对用户的特征和不同的需求进行充分的考虑，也就是以他们不同的年龄、职业、文化背景、喜好等问题的研究为出发点，同时也要考虑到当地气候、植被、土壤、卫生状况等自然环境的特征。除此之外，在某些公共环境中，经常可以看到盲道、残疾人专用通道等人性化的无障碍设计，为残障人士提供舒适、方便、安全的保障，这不仅仅是一种环境艺术设计，也是一种当代社会文明的表现，也就是一种对弱势群体的关爱。

没有一种艺术是可以独立生存的，包括环境艺术。环境艺术设计是一门兼具边缘和综合性的艺术学科，其所涵盖的学科范围很广，包括建筑学、城市规划、景观设计学、设计美学、环境美学、生态学、环境行为学、人体工程学、环境心理学、社会学、文化学等。环境艺术设计与上述学科的内容进行交叉和融合，组成具有广阔外延和丰富内涵的现代环境艺术设计这门学科。所以，这就对设计师提出更高的需求，它需要拥有更多的专业基础理论知识，以及更广泛的相关学科的知识根基作为支持，同时还需要拥有更好的环境总体意识和综合的美学素养，还要拥有更多的系统设计的方法和技巧，还要拥有更多的创造性思维和更多的综合表达的能力，这样才可以为人类创造出一个更加理想的、更高品质的居住环境。

二、环境艺术设计的范畴

小到一件陈列的商品、一间房间的设计，大到建筑，广场，园林，城市都在环境艺术设计的范围内。就像是一张遮天蔽日的大雨伞，覆盖各个与艺术设计有关的行业。多伯（Richard P. Dober）是一位知名的环境艺术学专家，他说："环境艺术学是一种超越建筑学，超越计划学，超越项目学，超越情感学。"它是一门注重实际效果的艺术，在很久以前就受到了传统的关注。环境艺术的创作与人们对其周边环境产生作用的能力、给其带来的视觉次序、提升人们生活环境品质和装修水准的能力密切相关。

在较窄的范围内，环境艺术设计又可分为室内外两类。室内空间的艺术是将室内空间的界面，家具，陈设等作为客体的空间设计；户外环境设计是将建筑，广场，道路，绿化，各种环境设施等因素结合起来的综合设计。在这里，不管是在室内外的环境设计中，设计师除了要对组成环境的各个元素展开单个的设计之外，还要对各个元素之间相互制约、互相衬托的整体关系展开合理的组织与规划，这样才可以将设计者的独特的创意与构想表现出来。

第二节　现代环境艺术设计的特征

环境艺术是一种多领域的相互促进的艺术体系，它涉及到城市规划，建筑，社会学，美学，人类工程学，心理学，人文地理学，物理学，生态学，艺术学等诸多专业。从环境艺术的角度看，各专业都是互相建构，共同构成一个系统。因此，在发展过程中，也会受到许多方面的影响，它具有以下特点。

一、现代环境艺术设计观念的特征

季羡林说："东方的哲理，强调的是一种统一体的观念，是一种统一体的关系，也就是说，要以一种统一体的方式来思考问题。"钱学森也说："二十一世纪是一个宏观的世界。"其实，整体性也是环境艺术设计一种重要的观念。

环境艺术理念的发展，其客观性程度，常以其与客观环境、自然环境之间的长期和谐为基础，而与纯粹的自身造型艺术相区别；环境艺术是一门多学科同时存在的关系艺术，在其设计中，将城市，建筑，室内外空间，园林，广告，灯具，标志，小品，公共设施等视为一个多层次，有机结合的有机整体，尽管其面对的是一些具体的，相对单一的设计难题，但是在处理这些难题时，仍然需要考虑到整个环境的一致性和协调性。同时，其总体设计也面临着节能环保、可循环化和高信息化、开放和封闭体系的循环化、材料再生能力的增强、功能的自动调节、多功能化、多样化和多作用化、生态化等一系列难题。与效能与审美层面相比，社会与经济层面更重要，而这些层面与价值层面更多地体现在环境利益上。例如，大部分的城市风景都是在原来的基础上加以改善，而对环境的根本改变又需要强大的财力支持。假如没有对环境综合效应进行过深入的研究，也没有对其进行全面规划，也没有进行更高水平的思维和创新，这就会导致大量的金钱浪费，后期的维修成本过高等问题，也会对环境的进一步改进造成很大的负担。

在西方的"现代"思维的环境设计中，因为已经有了一定的社会经济发展的经验，所以在环境艺术的设计中，可以不去将功能和成本放在第一位，而中国当今的"现代"设计，却要在全面的关注功能和成本的同时，体现出个人的特点，从整体的角度来看待个人在环境创造中的地位，综合地分析技术与人文，技术与经济，技术与美学，技术与社会，技术与生态，等等，根据自己的实际情况，合理地把握自己的主观愿望和客观愿望的联系，从而获得最大的经济、社会和环境利益；以一个动态的视角，遵循生活的运动规律，科学地将各种有关因素结合在一起，是让环境艺术设计成为可能的最好方法。

这就要求我们在进行设计时要有一个总体的概念。不管是地区环境设计，还是建筑小品构思，都必须把眼光放在城市的整体环境框架上，对其历史与现实进行细致的规划与分析，对暂时与永久、局部与整体、近期与长期的利害关系进行辨析，找到两者的契合点，对其进行科学、合理、动态的总体设计，同时要解决历史与未来及周边地带的衔接，规划与实施的差异性控制等问题，使土地的人文与现存的景观资源得到最大程度的合理使用，达到生态美学与环境效益的统一，从而营造出符合人民的生活方式与精神需要的环境。

二、环境与人之关系相适应的特征

美国著名的建筑学家卡斯腾·哈里斯曾经说过："在大多数时候，特别是当我们运动的时候，我们的身体就是我们对周围环境的感觉的载体。"因此，身体也就自然而然地变成了一种对时空的认知和度量。所以，可以说，人与环境之间的物质、能量及信息的交换关系，是室内外环境中最根本的关系。

从宏观上讲，"环境"是人们生活和发展的最根本的空间，它是一种围绕着主体并影响主体行为的外部事物。对于人类来说，一方面，它属于一种外在客观物质存在，为人们的生活和生产活动提供了必需的物质条件与精神需求（亲切感、认同感、指认感、文化性、适应性等）。另外一方面，人类也会依照自己的理念和需求，对自己的生活环境进行持续的改造和创造，其中包含在人们认知的各个阶段，对环境所产生的创造、破坏、保全作用的内容。简而言之，环境与人之间是一种相互影响、相互适应的关系，并且它们还会伴随着自然和社会的发展，一直处在动态的变化当中。

（一）人对环境

人类"选择"与"包容"的对自然的认识，也是近代人类对自然的认识与发展的具体表现。比如拆除城墙，"整旧如新"，就相当于砍掉了"根"，就像一把大火把阿房宫给烧毁了一样。在进行科研与设计的过程中，应当自觉地对那些虽然已经濒临死亡，但并不妨碍生活的发展，以及那些只属于继承前人和联系将来的事物进行挖掘、利用与维护。城市是人类经过漫长岁月的管理与创新而形成的，它的活力在于它的多元化与独特。而在实际中，"保全"都市建筑的理念，也将为都市形态的多样性做出新的贡献。一座城市，一个街区，甚至一个院落（单位），都有其共同的、独特的、传承的文化，并伴随着当代个体与社会的精神与物质上的巨大牺牲。这种成本所带来的结果，要么是环境的蓬勃发展，要么就是环境的衰败。城市建筑的创造思维、破坏思维和保存思维，三者之间存在着密切的联系，它们之间没有明确的界线。所以，关于人对环境的问题，一定要把创建和保存这两个目的结合起来，在不破坏的基础上，努力保存的时候，进行自觉的创建，这样，我们对城市的改造就更加的靠近了它的本质，也就是它的自然整体。

（二）环境对人

美国人文心理学者马斯洛于1943年在其著作《人类动机理论》中首次引入了"需要等级"概念。在他看来，人的基本需要是一般的，从生理需要到安全需要，社交需要，自尊需要，自我满足需要。尽管在不同的时间，不同的情况下，不同的需要会表现出不同的强度，但是总是有一种需要占据主导位置。五项需要均与室内和室外的空间环境有着紧密的联系，主要表现为：室内的小气候状况 - 生理学需要；设备的安全性，可辨识性，等等。安全需要；环境空间是一种公共空间，是一种社会需要。层次式的空间 - 自我尊重的需要；人们对自身的认识，如文化品味，艺术特征，公共参与等。由此，我们可以找到其中的关系，既是人的行为，又是人的各种需要。在一个层面上的需要得到了满足，对更高层面上的需要的寻求才能得到实现。在一组需要被扰乱而不能得到解决的情况下，低层需要就成为了重点。在满足下层需要的同时，尽可能的提高高层需要的质量。随着社会的不断发展，人的需求也在不断地改变，因此，这种需要与承载其的物质环境之间总是有一种冲突，一种需要被满足，就会出现另外一种需要这个人与空间环境之间的相互作用，就是一个互相适应的过程。

实际上，一个空间的构成与里面的人的行为是一回事，就像一个剧场里的布景与表演是互补的。而对于设计者而言，则更要注重静态的舞台对整个演出的影响，并以此推动演出。从这一点来看，就"人"与"环境"之间的关系来说，是"人"对"空间环境"的造就；空间环境反过来又对人产生影响和造就。

三、环境艺术设计的文化特征

芬兰一位杰出的设计师伊利尔·萨里宁曾经说过："只要看一眼你们的城市，就知道你们的市民所向往的是什么。"因此，我们可以看到，在表达一种文化的过程中，环境艺术所扮演的角色有多重要。环境艺术代表的是一个民族、一个时代的科学技术与艺术，同时它也是当地居民的生活方式、意识形态和价值观的真实写照。

（一）传统文化在环境艺术中的继承与发展

德国著名的规划学者阿尔伯斯曾经说过，城市就像是一张古老的羊皮纸，在欧洲历史上被人用来记录，虽然被人反复擦拭，却始终没有被人遗忘。这些"痕迹"，就是一种传统的文化。比如，中国传统的生态环境观念——"风水学"，对于中国及其邻国古代民居、村落、城市等的发展和建设，都有着重要的理论和实践价值。不同类型的聚落，其位置、方位、空间结构、风景组成，都受到风水学的影响，形成了特有的自然形象，并具有深厚的人文内涵。美国一位环境设计者 To 德语说："风水是一种特殊的生态型的用途"；"从很多角度来看，中国人都从风水上得到了好处，例如，它提倡种树、种竹，以避风，并重视水流与房子相邻的重要性'（李约瑟语）。其注重人与自然环境的相互影响，注重人与自然的协调，体现一种将天地人三要素紧密地联系在一起的"整体性"观念。《阳宅十书》曰："吾人居住之所，当以天地山水之本，其源流之气最盛也。"风水学中的上述观点，对于当代环境艺术设计、建筑设计、城市设计，以及"回归自然"的环境理念和文化定位，都具有重要的指导意义。风水学的观念，以及风水学的广泛运用，使它在中华传统文化中不可忽视的一部分。

重视传统的设计，并可以将其与地方的文脉和社会环境相融合，用好的设计可以构建出一种历史连续性，表现出民族性、地方性，有助于体现出一种文化的渊源。若照本宣科地照抄，则看起来笨拙乏味。环境与建筑是一定条件下的历史与文化的产品，它反映了一个国家、民族与区域的传统，是一种鲜明的特征。对其进行传承与发展，应注意对其所处的历史环境进行保护。在地标性建筑及重要保护景点周边设立保护区（例如天津、上海等地将外国现代建筑划入特定的文化区），并对其进行保护。为保证整体的空间环境不受破坏，对周边建筑的高度、体量和形状等进行有效的控制，并根据不同的城市、不同的地段以及不同的建筑特点进行详细的规定；而城市又是由一种"代谢"法则所决定，它是一种具有生命力的机体，具有很强的延续性和多样化，因此，它必须要进行自我的更新。德国戏剧大师席勒对这一点的看法虽然有点极端，但也不无道理："即使美丽吸引了诸天万界，它也一定会消逝。"从这一点可以看出，生命的规律就是发展、改变。对传统文化的传承和发展，就是要进行创新，单一的、千篇一律的环境艺术已经不能满足人们的审美趣味和美学需求。

（二）地域文化在环境艺术中的挖掘与体现

1970 年以后，伯纳德·鲁道夫斯基出版的《没有建筑师的建筑》在建筑设计界掀起轩然大波。在传统的地方建筑中，过去被忽视的某些有创意的部分也被再一次挖掘。这种地方的建筑特征，与当地的气候，技术，文化以及与之相关的符号含义，是一种长久以来的累积和完善。对非洲、希腊和阿富汗等特殊地域的住宅建筑进行调查，结果显示："这一地域的住宅建筑不但给了建筑师以启发，同时也给了他们以新的活力。"此类研究主要表现为两种趋势：①"保守式"。利用地域建筑的原始技术和方式，进行形态的开发。②翻译倾向于采用"意译式"。以新技术为基础，将区域性建筑的形态和空间结构融入其中。乡土建筑、乡土环境受到生产生活、社会民俗、审美观念以及民族地域历史文化传统的限制，它们处于地域文化的肥沃土壤之中，尽管粗糙但却蕴含着内在的美感，就像是自然界中的一朵野花，有着独特的魅力，有着丰富的文化内涵，需要发掘并加以创新。

（三）环境艺术对西方文化的借鉴

我们对于西方文明的认知，是由"器物"、"体制"、"意识形态"三个层次逐步深入的，然而，一直以来，人们关注的重点都集中在"器物"这个第一个层次上，对于这三个层次，却没有一个明确的、全面的、明晰的、区别的认知。我们在学习西方的时候，总希望能跟上时代，认为新就好，可是当我们看到新观念新技术层出不穷的时候，我们却发现自己根本跟不上，更别提去吸收了。而在"盲目崇洋"和"盲目崇新"的心理后面，隐藏着一种"文化虚无"的心理。最近几年，从有相当一批的我国室内装修的不同类型的不同格调的设计作品中，可以看出，人们对西方的环境文化的继承和吸收，通常都是停留在一种浮光掠影般的、得其形而忘其意的浅薄的认识上，而对其内在的、不同的人文精神的认识上，能够真正领会并发挥出的杰出的作品还很少。

（四）当代大众文化价值观在环境艺术中的体现

伴随着公众主体意识的苏醒，在面临越来越多的均质化、无个性化甚至无人性化的环境时，人们已经不再期待将自己的个人情绪和意志融入到一个能够代表公共趣味的、统一的环境之中，他们开始追求一种多元化的价值观和真正的自我意识的判断。随着现代社会对空间、场所、环境的创作与表达日益重视，诸如"可识别性"、"场所感"之类的词语也随之出现，这些都是对人类生活的一种重视，一种对意义的重视。此外，当我们在努力为普通人提供服务的时候，我们应该注意到孩子和残疾人，这是我们的环境为人类提供服务的实质。比如，美国通过《1990年残疾人法案》，为公众场所和商务场所规定了供残疾人使用的标准，并且规定有关法律必须经过验证，并且必须在新的设备的设计和改造已有设备时使用。这些在环境设计中所体现出来的"无障碍"的设计理念，深受人们的喜爱，也是当今社会对流行文化价值观的一种关注。

它所反映的文化地域性、时代性和全面性，与其它的环境和个别的东西都不一样。这是由于，更多的人的印记被纳入到环境艺术之中，而新的东西也在不断地被增加；

同时，其外部环境也常常成为城市，地区，民族，国家文化的标志。上海的外滩，北京天安门广场，威尼斯圣马可广场，曼哈顿广场，这些著名的事例，都能体现一个国家或一个国家的特色。在环境艺术的设计中，怎样体现出地方的民族特色，怎样给环境增加新的人文意蕴，这是一个严肃的问题，值得环境创建者进行深思熟虑，这也是时代给设计师的使命。

四、环境艺术设计的地域化特征

现代环境设计的地域化特征主要表现在以下三个方面。

（一）地理地貌特征

其中一个最古老的特点就是地形地貌。仔细看，每个区域都有自己的不同之处。它们之间的区别主要表现在一些大的方面，例如河道，河流，湖泊，丘陵，坡地，山脉，高原等等。这些内在的自然要素在整个形成的过程中始终发挥着重要的作用。比如，石家庄是平原省会的山城，西安是西北大都市，绍兴是江南水乡，地形上的不同，对于那些对地形有着敏锐感知的建筑师而言，无疑是一种巨大的吸引力。而在设计理念中，最主要的一条就是要使这些特色得到凸显，即只要是有利于居住舒适度的材料，都要充分运用；相反，在逆境中要加以补偿。比如，他们可以在重庆的山坡上，找个地方搭个平台，或者搭个垫脚石，让徒步的人在合适的时间休息一下。这个差异化的"使用"的城市，是对自然地形要素的一种最直观的反应。

图 1-1　地理地貌图片概况

在这座城市，水是一道独特的风景线。一座拥有河流和湖泊的城市是一种福气。

在人类群落生活的过程中，大部分河流对人类的生活都有一定的影响。在城市密集的建筑物中，保留了自然的水岸形态，这是一个独一无二的设想。天然的野草和芦苇，与人工种植的植物，相得益彰，这样的景色才会更加的鲜艳。然而，要想让这片荒芜的土地变成一片美丽的自然景观，就得特别珍惜。不同区域的水域，其形状也会大相径庭，或宽广辽阔，或弯弯曲曲，或四面环城，或川流经，其独特的外观，很有可能是一个城市最主要的标识，见附图1-2。"水"在城市中的重要地位和重要意义，是让人认识到"水"的价值，并加强"水"在城市中的功能。一条具有代表性意义的河流，其重要程度甚至超过了一座城市（当然，科学界并不赞成将城市划分为不同的等级，相反，它应该在各个方面都平等对待）。但问题是，这条河流的寂静与永恒，却让很多人忽略了这条河流。发展中国家的人很容易被那些花里胡哨的花言巧语所蒙蔽（比如崇拜"丰田"、"宝马"之类的汽车，从而产生占有欲，从而扩大自己的道路，占据一片土地或者一片水域），从而"迷失自我"，失去生存的本钱。其实最有价值的事物就在我们周围，它是无法被别人赠与的，只有我们自己才能对它们进行科学、理性的设计与利用。

图1-2　城市河道图例

"以水为本"不仅要保证水体干净、无污染，更重要的是要认识到水体对人类生存环境的影响。要加强对此的理解，首先要承担起环境设计的责任。保护水域的一个方法就是清理海岸线，如同给自己喜爱的事物穿上华丽的衣服。海岸线的形状往往是由自然的地形特点所确定的，同时也是由历史的遗存和人类活动的产物。有些地方可以从峭壁上眺望，有些地方浅滩向下延伸，有些地方平整得像被利刃切割过，有些地方凹凸不平，这些都是地形和人文因素综合造成的。这还可以支持本节中所述的地方性特点。再者，河岸边的绿植、观光路线与活动场所的设置，不仅是一项普遍的法则，更应该成为本地化生活型态的深层研究重点。再来看看江南的重要城镇，唐代大诗人杜荀鹤就曾说过："你到姑苏时将会看到，那儿的人家房屋都临河建造。姑苏城中屋宇相连，没有什么空地；即使在河汊子上，也架满了小桥。夜市上充斥着卖菱藕的声音，河中的船上，满载着精美的丝织品。遥想远方的你，当月夜未眠之时，听到江上的渔歌声，定会触动你的思乡之情"。这首诗生动地描绘出了人们依水而居、依水而居的独特生活状态。任何一个有过这种文化经历的人，都可以很容易地理解到这种文化的内涵。

（二）材料的地方化特征

最原始的时候，人类可以在自己所在的地方，选取所需的材料，这是人类建造房屋的方法。至于自然材质，则是多种多样，有石头，木头，黄土，竹子，稻草，甚至还有冰块。若将相同材质之间的差别进一步归类，并将经过初步处理后的建筑制品也一并归类，其丰饶水平，可想而知。这些都是天然形成的。但是，当地的材料被提高到了一个新的高度，它的起源却是来自于当代的建筑思维。钢铁，玻璃，混凝土，这些材料没有任何地域上的区别，这是一种完全"人造"的方式。这些以科技解析为基础的材质，已经彻底摒弃了地域特色的踪迹，并在材质上产生相同的效果。这违背人类最初对这个世界的认知。在对规格化的"现代主义"设计理念所造成的缺陷进行思考的同时，展现个人性格、人性的理性认识也就成了新一波的艺术潮流所要追逐的对象。如果说，在材料表达上，传统材料仍处在一种模糊的、无意的状态，那么，现代材料的特性就变得更为清晰、积极。物质被赋予了从文化生态多样性的角度来展现当地生活的责任，从而形成了一种更强大的表现力。

在建筑中，除了对某些特殊的材质进行特殊的处理以外，环境设计中最常用的材质就是地面铺设。在中国，许多帝王或私家花园的天井铺设都是很好的例子。苏州花园地上铺贴的鹅卵石，其不同的组合方式，所表现出的艺术神韵，正是当代设计理念的生动体现。但是在北方的御花园中，却需要花费更多的时间，毕竟这里的材料不是本土的。因此，本土性素材运用的原理，应当是一个较大尺度上的合理推理。同时，当代的地方性概念也给了设计者一种启示：对于材质的认知，不应该仅限于那些已经被前人所熟悉的类型。很多未被人们所知的本地特产材质，其本身就有着很好的应用特性，应该是设计者去探索和试验的目标。这对铺地的技术指标并不是很严格，而且在现代化的技术水平下，也可以用水泥和砂浆来辅助。同时，对其进行改进与发展，也是实现"老"到"新"，"新"到"实用"的重要途径。柏油，石块，混凝土，这些都是最简单，最不引人注目的设计。而在国内使用同一种地砖，则被认为是设计者的不称职。精细、精密的工艺是当代设计的一大主题，而材质也是其中一项。地板与墙壁之间的拼花图案，以及质感的对比，有时候并不一定要依靠材质的改变来达到，同样的材质，在处理上的差异，也是一种追求质感的方式。在很多地区，具有地域特点的传统加工方法往往能够发挥出现代方法无法比拟的特殊作用。

（三）环境空间的地方化特征

在环境中，其空间结构是一个相对复杂的课题。一座具有悠久文化的古城，其建筑群结构具有较强的稳定性和独特性。目前的状况通常由以下几个方面决定：①生活方式。②特定地形环境。虽然这些邻近的区域在整体上具有相似的地形特点，但是一旦涉及到某些特定的地形特点，就会出现某些偶然的差别。这些差别会导致不同类型的定居点。③"历史演变"，指在遥远的过去，有没有变化，有没有文化的浸润等等。④对耕地的平均占有。从总体上看，中国大中型城市具有较高的人口密度。从客观角度来看，中国的城市（包括城镇等小聚居区）是从改革开放以后才开始实现的，到现在还不到40年，在这短暂的时期内，我们所完成的要比40年所需要的数量要多得多，原本应该精致的城市面貌，却大都变成粗放型的产物。在这些发展过程中，存在着一些不可控制的原因，例如：人口的急剧增长，现代建设的技术和方法虽然发达，但是看起来比较单调，这些都造成了都市本土特征的迅速消失。除此之外，人们对环境文化的认识还比较薄弱，设计师对于本地文化所引发的情感内涵以及对本地环境组成的特点缺少经验和观察，这也是导致当今城市粗放发展的一个主要因素。

一个城市特征的承载不能仅仅通过建筑物的形式来确定。我们可以设想一幅俯视都市的全貌，像是北京的胡同，上海的里弄，苏州的水巷，而人类真正的生活，却是在这些楼宇间的空间中，也就是街道，广场，院子，草木地，水面等等。若将其通过"负像"凸显出来，并与各地的都市空间组成进行对比，则很容易发现其在地域上的差异。以北京为例，胡同的宽度一般都是一样的，比大路稍小一些，但主要是作为车辆来往之用，可以让车辆通过。到了一定程度，四合院的围墙就会被移开一段距离，与隔壁的围墙、街道组成一个三角形，这就是邻居们聚集在一起的地方。自然，也少不了一株古槐，在古槐下摆上石桌石凳。上海的里弄并不像北京的那种"疏密相间"，纵横捭阖，相反，它看起来更多的是一种公共和集体的感觉。弄堂中的道路在城市中呈现出一条鱼骨形的纵横交错，通常都是一个直角，宽度从城市的大街到胡同，到房子前面的走道，从这个顺序上看是越来越小，见图1-3。相较于北京的"胡同"体系，上海的"弄堂"和"住宅"之间的联系更加密切。这种公路有规则的形状，同时用作交通和交流。

图1-3　上海弄堂图例

很明显，不同地方的人都是这样使用建筑物外面的环境的。早期的设计者对生活的需求进行了思考，他们对空间的布局方式、大小尺度、兼容共享和专属私有的偏好都给出了本土化的解决方案，而后来的设计者对此也是习以为常，并将其视为理所应当。尽管这样的回答未必是包容人生百川的最优方案，但它们却已经被生活的习惯性所筛选和认可，在人类的心中产生了一种对既有规则的亲近。在以后的设计追求中，没有绝对的、抽象的、最好的方法，新的设计只能是模仿和补充，所有的改变都应该是在保留原来的基础上进行改进。当然，这种全新的户外空间设计也不是没有可能在一个传统模式下实现。这往往伴随着新的特性而出现。举例来说，德国某些新兴的、人均土地面积相对较少的城市，户外空间设计的限制相对较少。就拿莱茵河河谷的宾根至科布伦茨这一段来说吧，一条350公里的罗曼蒂克大道连接着数十座小型城镇。古色古香的建筑，小石头铺成的街道，绿色的草地，还有古堡，宫殿，葡萄种植园，这些都是它的特色。这座城市的古老建筑代表着德国的历史，也代表了德国人最喜欢去的地方就是这里。用一条"大道"把各种城市的特色与形态特征连接起来的文化走廊型的一体化的设计思想，在传统的城市中是没有的，所以它也可以被认为是一种伴随着文化的变化和新功能的需要而出现的一种新的发展。

城市环境的生成既包括形态又包括内涵，而建筑的外在空间则是城市内涵，其空间的生成并非随意、偶然，也非混乱。这一现象既有外在因素的影响，也有内在因素的影响。作为一名环境设计者，首先要培养自己对空间特性的正确认识，然后培养自己的分析能力，从而判断出空间特性与人类活动的关联性。这一专业能力是创建并提高环境设计的基本要素。

然而，本土化的都市环境特色，更多的是针对那些历史悠久，人口密集的都市。在国内，很多已经固定了的旧城，都在进行着新的历史性的更新，以保证其发展能够满足其功能要求，而不会造成其文化特色的丧失。在变化中对环境形式进行有条不紊的扩展与转换，这是一个迫切需要探讨与解决的问题。

五、环境艺术设计的生态特征

在过去的二百多年里，随着经济的快速发展，经济的快速增长，人类的生存模式也随之改变。工业化对人们所依赖的自然环境造成巨大的冲击，诸如森林、生物物种、洁净的淡水和空气、可耕种的土壤等，都在大幅度的下降，并导致气候变暖、能源枯竭、垃圾遍地等消极的环境效应。继续沿用以往的工业化发展方式，我们这个地球就会使人类失去生存的乐土。这个事实让人们开始反思，未来到底应该走怎样的一条路？是以牺牲生态为代价的发展；或者把重点放在科学技术的发展上，以增加经济的增长来谋求发展。身为一名专业的环境艺术设计工作者，也要对自己的工作有深刻的反思。

首先，人是自然界中的一个有机整体，人与自然界中的各种因素之间存在着某种内在的和谐。人类除了具有社会性质外，还具有接近阳光，接近空气，接近水，接近绿化等需要。自然环境是人们赖以生存的基本条件。

但是，作为人类生活的主体，却是以建筑群落为特征的人造生态环境。高楼大厦如雨后春笋般冒出，一栋栋摩天大楼此起彼伏，构成一片钢铁水泥丛林。当都市中的建筑物向空间的扩张，一座座高大的建筑物，就像是人造的峭壁和山谷。但是，随着科技的发展，都市也产生了一些意想不到的影响，表现为人的文明发生了异化。人们改变了大自然，建立了自己的城市，而他们却将自己驯养成了动物，就像是被圈在栅栏里的动物，比如马，牛，羊，猪，鸡，鸭，都被圈在了人造的栅栏里，与大自然渐行渐远。因此，"返璞归真"成为当代人的一种幻想。

在对环境的认知不断加深的同时，人们也渐渐地意识到了在环境中，自然景观的重要地位。美丽的风景和清新的空气不仅可以提升工作的效率，还可以提升人的精神状态，让人心情舒畅，得到美的体验。不管是在都市中的室内或室外的绿色空间，或是在私家或公众环境中，或是在优美丰富的自然风景中，都具有长期而深刻的意义。这样，当人类在满足了自己的生存需要之后，就可以不去追求高楼了。目前，人类正竭尽全力将植物、水体、山石等自然元素引进到其生活的空间中，并对其进行重新创作，见图1-4。在当今科技发展的条件下，人类能够最大程度地在生活空间内亲近大自然。

图1-4　森林岩石瀑布河自然景观图例

在环境艺术中，园林设计应当具备生态、心理、审美、营造等多方面的功能。生态功能主要指的是绿色植物和水体，在环境中具有净化空气、调节气温湿度、降低环境噪声等作用，因此，它是产生较理想生态环境的最好帮手。近年来，越来越多的学者开始关注自然景观对人类社会的影响。人类在自然环境中，通过欣赏大自然的风景，可以让自己有一种返璞归真的感觉，放松自己的精神，调节自己的心境；它可以刺激人的某种认识心理，从而产生与其相对应的认识愉悦。关于风景园林的美学作用，很早以前就被人类所熟知，因为风景园林往往成为人类的一种美学客体，给人类以欣赏和体验；同时，一般情况下，自然景观也可以被用来美化和装修周围的环境，以提升周围的视觉品质，还可以起到对空间的界定和相互联系的效果，从而充分地发挥出它的建设功能。并且，这种功能与实体建筑构件进行比较，往往会显得富有生气、有变化、富有魅力和人情味儿。

在写字楼的规划设计上，"风景型写字楼"已是一种时尚。一改以往死气沉沉、枯燥乏味的气氛，变得温馨而富有人情味。按照工作流程，工作关系等灵活安排办公室的陈设，让房间里洋溢着绿色的天然气氛。这样的设计一改了以往的空间结构的拘谨，家具布置的死板单调，使人感觉到更为和谐轻松，友好互助，让人有一种回家的感觉。"风景办公室"已经没有了那种压抑的感觉，也没有了那种紧张的氛围，反而让人感到愉快舒适。这无疑降低了在工作中的疲惫程度，极大地提升工作效率，还可以让人际沟通和信息交流得到加强，从而让人们拥有一种积极乐观的工作态度，让整个办公空间都充满着一种生机，降低现代人工作的压力。

第二，它体现"时间艺术"的生态特性。也就是说，环境设计应当是一个渐进的过程，每一次的设计，都应该在可能的条件下为下一次或将来的发展留下空间，这也与培根所说的"后继者原则"相一致。城市环境空间作为城市的有机组成部分，其自身的成长、发展和完善都有其自身的规律。只有认识到并重视这一进程，才能按此进程开展规划与设计工作。没有哪一种生活空间是一种"个人作品"，每一名设计者所做的仅仅是"永续发展"这一历史进程中的一小部分。也就是说，每个设计者都要在前瞻的同时，也要尊重过去，确保每个单个设计与整体在时空上的延续，并在两者之间构建出一种协调的、对话的关系。所以，我们应该从全局出发，进行阶段的研究，在不断的改变中寻找机遇，并将其同居民的生活和情感，以及与其组成相结合。与传统的、静态的、根本性的变革不同，环境设计是一种持续的、动态的渐进式过程。

第三，建造过程中所用到的一些建材和装备（如涂料、空调等）都会产生一定的危害，对周围的环境造成一定的影响。因此，在当前的科技水平上，研发出一种新型的、安全的、健康的、绿色的建材已迫在眉睫。通过对环境品质的调查发现：某些用于室内装修的装饰材料，在其建造及使用时，会释放出对周围环境造成危害的有毒气体及物质，从而导致多种疾病的发生，对人们的身体造成危害。所以，只有对绿色建筑材料进行发展，并逐渐替代传统建筑材料，从而在市场上占据主导地位，这样就可以对环境进行有效的改进，从而提升人们的生活水平，为人们提供一个干净整洁的环境艺术环境，确保人们生活在健康安全的环境中，实现经济效益、社会效益和环境效益的高度的结合。

总结来说，二十一世纪的环境艺术设计必须具备生态性的特点，其中的生态性包括以下两个层面：一是设计者必须具备良好的环境保护认识，尽量节省天然资源，尽量降低废物的生产（广泛意义上的垃圾），同时还要为后续的开发和设计留下一定的空间。二是要尽量营造出一种生态化的生活方式，使人们与大自然的距离更加亲近。这就是所谓"绿色设计"的意义所在。

第三节　现代环境设计的发展趋势

一、向自然回归

人与其所处的环境共居四个时期。第一个时期是畏惧和消极的接纳，将大自然视为自己的敌人，在自己所能掌握的一切情况下，一味地依靠自己的力量去反抗；第二个时期是适应性与限制性使用，根据室内与室外空间的需要，选取适宜的自然环境，营造出适合于室内与室外空间的运动需要；第三个时期是"入侵"与"征服"，即不断地向大自然索要一时之利，不顾对大自然的理性利用，从而导致自然环境遭到残酷的侵蚀与毁灭；第四个时期是善用它们，与它们融洽地相处。在归纳了第三个时期，人类对环境带来的负面影响之后，人们开始关注环境的要素，做好自身的防护工作，与大自然和谐共存。这一举动，也给室内和室外的环境艺术设计带来深刻的渲染。"返璞归真"是当代环境设计理念的一个发展趋向。

唐朝大诗人李白的"小时不识月，呼作白玉盘。又疑瑶台镜，飞在青云端"，是一首著名的诗歌。此诗既写出了人对大自然的认知，也写出了诗人由"触景生情"，"寄情于景"，"以景托情"，最后"以情绘景"的发展历程。当前，运用"征服自然"这一理念进行生态建设的实例很多，而怎样回到自然，对其进行高效的开发，其原理与方式仍在探讨之中。北京十三陵设计是一种既古朴又恢弘的设计范例，其设计理念是利用外界环境自身特有的、富有魅力的建筑形式，使环境达到返璞归真的目的。廊道尽头的十字形拱阁，坐落在半圆形的山峰中心，它与山下的十三个碑阁一起，组成了一个由山峰环绕而成的圆形空间，营造出一种庄严肃穆的纪念环境。

对自然"接近"和"还原"是环境艺术设计的基本原理。比如，在社区的环境中，要注重将原有的生态环境与社区的生活活动相结合，用中心绿地、院落绿地、小范围的步行广场与核心景观带、步行道共同组成环境中的绿色景观游廊，将总体的、组合的、相邻交互的空间与自然动态的建筑、景观空间相结合。

总而言之，在创造室内和室外的环境时，要尽量多地运用大自然的因素，尽量降低对环境原有面貌的损害，同时也要推动室内和室外的动植物的发展，让室内和室外的环境变得更加适合人类的健康发展。

二、向历史回归

在纪念事件中，人们的精神和文化被激发出来，这也是推动环境艺术的一个重要因素。随着世界经济的全球化，以历史为本位的城市文化，尤其是以发展中国家为中心的城市文化，必然会产生深刻的影响。随着区域差异的不断减小，各大城市之间的生态系统日趋趋近。但是，由于文化的全球化，出现一种环境趋同的现象，它忽视并抹去了区域的差异和历史文化的多元性，这与整个世界发展多元化的要求相违背。

在人们对环境的认识不断提升，以及在环境设计学科不断崛起的今天，我们应该对居住环境的精神内涵和历史文化气质进行更多的重视，应该对城市环境在文化上的组成形式与人的精神及行为之间的关系进行更多的重视。任何一个时期的城市，都无法离开它的历史脉络而生存；于是，世界上的各个国家都在对自己国家的历史和文化进行重新认识和定位。在人类社会不断发展的今天，21世纪人类社会向历史的回归和对本土文化历史的认同将会是人类社会走向"人性"的一种社会发展方式。还原历史，构建人类环境文化的总体意识，以新的价值精神和哲学伦理去对环境进行创造，从而实现人类精神的复兴。

在当今世界，对各国的历史和文化资源进行有效的保存和开发，已成为各国文化发展的一个趋势。从建筑小品到街巷，再到自然景观，都是当地传统文化的主要内容，它是把人民团结起来的一个关键的精神纽带。它自身也是一种很有价值的环境艺术资源。伴随着人类文明的进步，很多历史性的建筑物和环境都被列为国家重点保护的对象，而联合国教科文也通过"公约"的方式，建立了一套全球性的关于人类文化和自然遗产的保护规则。

总结起来，"回归历史"这一概念在环境艺术设计中的具体表现为：一是对历史文化精神和设计理念的传承；二是对传统文化和现代设计要素的重新定位；三是在设计中恰当地保存和修复了历史环境。

三、向现代科技结合人的深层次的情感需求发展

从微观的观点来看，任何一种环境的组成，都是由一定的经济和技术条件来保障的，比如组成环境界面的物质基础。环境中的各种装饰、设施，无一不显示着那个时代的科技。比如，霍莱因为慕尼黑奥林匹克村的一个小型公园进行了一次设计，创建了一个集空调、灯光、音乐和电视等多种功能于一体的大公园，这是一种利用现代科技来创建一种新型户外生活方式的努力。

从建筑小品、室内设计以及户外设计的发展过程可以看出，新的样式和趋势的出现永远都是符合社会生产力发展的。随着人类生活水平的提高，科技水平的提高，人类的价值观念和审美观念的变化，促使新材料、新结构、新施工工艺等在空间环境中的应用。环境艺术设计的科学性，不仅仅是指对材料和设计理念的需求，它还包括对设计方法和表达手段的需求。

为了实现艺术美学的目的，环境艺术设计必须利用科技手段。由此，科技将被越来越多的设计者所使用，这表明了科技在环境艺术设计中所体现出的是一种富有人文气息的文化体系。在工业化和信息化时代，科学的人文主义倾向是为消除科学的"异化人"和"淡化人类情感"的消极影响。现在，自然科学、环保等诸多现代前沿学科已经在环境艺术设计的各个领域中展开，而设计师的业务手段的电脑化，还有审美本身的科学走向、设计过程中的公众参与和以人为本的设计理念，这也进一步扩大了环境设计的科学技术的范围。

第四节　环境艺术设计的原则

环境艺术设计所涵盖的范围比较广，在各种类型的项目中，其设计手法也存在着一定的差异。但是，从环境艺术的特征和实质来看，它的设计应该遵守如下几个基本原则。

一、以人为本的原则

人类是环境的主要组成部分，而环境艺术设计则是为了人类而服务的，首先要满足人们对环境的物质作用、心理行为、精神审美三个方面的需要。从物质作用上讲，要给人一个可以居住、停留、休憩和观赏的地方，要正确地对待人造环境和天然的联系，要正确地对待其内在功能，如功能布局，流线组织，功能与空间的配合等；在心理行为方面，要根据人们的精神要求与行为特点，对空间范围进行适当的界定，以适应各种规模的群体的活动要求；从精神审美的角度来看，环境艺术设计应该对区域的自然环境特点进行深入的分析，并重视对区域的历史文化内容进行发掘，从而掌握设计趋势和大众的审美取向。

二、整体设计原则

总体设计的第一步就是对工程进行一体化的设计，不管工程规模有多大，都应该从总体上着手，从宏观的角度来考虑各个环境因素及其相互间的联系，注重整个环境的和谐与统一。其次，在不同学科间进行跨越式的融合，将环境心理学，人类工程学，生态学，园林学，结构学，材料学，经济学，建筑技术，哲学，历史，政治，经济，民俗等多方面的知识结合起来，并将绘画，雕塑，音乐等各种不同类型的艺术语言融为一体。最终，就是各设计组的协作，建筑师，规划师，艺术家，园林师，工程师，心理学者和环境艺术设计者共同参与到对城市环境的改造和创造中来。在此需要说明的是，当前的环境艺术在美学上已经由追求"功用至上"的现代化转变为"情理兼备"的新人文；美学体验由"自我意识"向"群众意识"转变，用户已成为设计队伍中不可缺少的一部分，因此，在设计过程中，应该注重以大众的文化品味来引领设计走向，同时，也应该在设计活动中，积极引进"公众参与"的方式。

三、形式美的原则

环境作为人类工作、生活、休息和游戏的场所，它以自己的美学特征为人类提供一种心灵的享受和精神上的欢愉。音节和韵律属于音乐的主要表现方式，绘画是用线条来展现其形象，而环境艺术的形象则是隐藏在了物质和空间之间，有着它自己的形式美的定律，比如：比例与模数、标准感与空间感、对称与不对称、色彩与质感、一致与比较等，它们都是可以作为一种审美的准则，并最终变成一种可以指导现代环境艺术设计形式美的重要准则。

1. 统一与变化

形式美是以统一和变化为中心的。统一性指的是局部与局部及总体的和谐，即在环境艺术设计中，所使用的造型的形状、色彩、肌理等都存在着相互协调的组成关系。"变化"是指出两者之间的不同之处，它是在环境艺术设计中，在形态上存在着不同之处，就像是一种线型在长短、粗细、直曲、疏密、色彩等方面的变化一样。统一和变化是一种辨证的联系，二者既相互联系，又相互依赖。太过一板一眼会让整个空间看起来沉闷而没有表情，太多的变数会让整个空间看起来凌乱而难以把握。统一应当是全局的整合，而变化应当是以统一为基础的有序的变化，变化属于局部。

2. 对比和相似

对比指的是在进行互相衬托的造型元素的结合时，因为视觉强弱的原因而出现的不同因素。在这种情况下，对比会在人们的视觉上有很大的影响，但是如果过于注重对比，就有可能会丧失两者之间的协调性，从而导致彼此之间被隔离开来。"相似性"指的是在造型元素的结合中所具备的相同元素。相似，在视觉上是一致的，但若无对比，则显得索然无味。

在环境艺术设计中，形体、颜色、质感等构成元素之间的差别，是设计个性表达的根本，它们可以造成很大的差别，具体体现在量（多少、大小、长短、宽窄、厚薄）、方向（纵横、高低、左右）、形（曲直、钝锐、线面体）、材料（光滑与粗糙、软硬、轻重、疏密）、色彩（黑白、明暗、冷暖）等方面。同一造型元素中，构成元素越多，其在空间上的相似性越强；造型元素各不相同，而以对比为主要特征的关系。在相同的联系中，在形体、颜色和质感上所出现的细微差别被称作"微差"。在微差异累积到了某种地步之后，相似的联系就转变成了对比联系。

在环境设计中，不管是整体还是局部，单体还是群体，内空间还是外空间，如果要实现形态上的完美统一，就离不开对比与相似手法的应用。

3. 平衡与稳固

从上古时代起，人类便开始崇尚地心引力，并在日常生活中逐步发展出一系列与地心引力有关的美学概念,即平衡与安定。在自然界中,人类已经意识到,任何一种东西要想维持平衡和稳固,都需要一些特定的因素,就像树木一样:树根粗壮,树顶细长,表现出一种下粗上细的情况。或者像人的形象、左右对称等等。事实表明,只要能做到这一点的造型,设计出来的环境,不但结构牢固,而且给人一种很舒服的感觉。

所谓"平衡",就是局部与局部、总体在一定程度上达到的一种视觉平衡。传统文化具有简单和静态的特点,而现代文化中的文化内涵却具有多样性和复杂性。动态化的平衡是最规则的组成形态,而对称自身又蕴含着鲜明的次序,以对称求统一是常见的方法。对称具有规则,庄严,宁静,简单的特征。但是,如果过于注重对称,就会给人一种呆板、沉闷、牵强和矫揉造作之感。通常有三种对称的组成方式:①以一根轴线作为对称轴线,在两侧和两边都是对称的被称为是轴对称,多应用在形体的立面的处理上;②以多个轴线和它们的相交为对称性的轴线叫轴线对称;③转动到某一程度时的对称叫做转动对称,180度时的对称性叫做反对称。在平面构图和设计过程中,这些都是经常使用到的一种基础形态,在古代和现代,有许多的知名建筑就是利用了这种对称的形态,从而达到了它平衡与稳固的美学追求,以及一种严格而又工整的环境氛围。非对称性平衡没有清晰的轴线和中心,但是构成的重点却比较稳固。这种不对称的平衡形式自由而多样,构成生动而丰富,富有变化性和动感。对称的平衡比较整齐,非对称的平衡比较自然。在中国古代的造园中,大部分的建筑布局,山体布局,以及植物布局,都是以平衡的非对称性手法来进行的。如今,伴随着环境艺术的空间功能日益综合化和复杂化,不对称的均衡法则在环境艺术中的应用也变得越来越广泛。

4. 比例与尺度

比例意味着"比率"和"比较"。在构建中,"比例"是一种使构图中各部位与各部位、各总体相互连接的方法。而在环境艺术中的应用,则是指组成整个空间的各个部位以及它们之间所具有的尺度、体量等数量关系。无论是在自然还是在人为的条件下,凡是能够起到很好作用的客体,大都有着很好的对称性,比如人,动物,树,机械,房屋等等。除此之外,形体的不同比例也可以形成不同的形状。

黄金分割比:所谓的黄金比,就是将一条线分为一长一短两个部分,使较长的部份与较短部份的比率等于整个长度与较长部份的比率,其比值大约是 0.618。早在古希腊时期,人们就已经知道了这个金子的比率,并且相信这个比率才是最好的比率。两侧比例达到"黄金比例"的矩形,被誉为"黄金比例矩形",被誉为古往今来最为平衡和美丽的矩形。如果将这个比例运用到一个设计上,它会创造出一个美丽的形状。

整数比率:两条直线间的比率是 2:3,3:4,5:8,这样的比率叫做整数比。由整数比 2:3、3:4 和 5:8 等组成的长方形给人一种匀称感和静态感,而由数列组成的复比例 2：3、3：4、5：8 等组成的平面给人一种秩序感和动态感。近代的设计注重简洁明快，所以使用更多的是整数比。

平方根矩形：从古代希腊开始，平方根矩形就是一个很核心的比例组成元素。

勒·柯布西埃模数系统：根据人类身体的基础比例，勒·柯布西埃模数系统由整数比例、黄金比例、斐波纳契序列等构成。柯布西埃之所以这么做，是想加深对人体尺度的认识，从而为营造一个井然有序、舒适的设计环境奠定一些基础，这对于建筑和环境艺术设计都有很大的借鉴意义。

在环境艺术设计中，所要设计的形象，包括它所占据的面积的大小，空间划分的关系，以及色彩的面积比例等等，都要求我们运用这样一种理性的思维，对它们进行合理的布置。

尺度是人与其他事物之间所构成的一种大小的关系，从这一点上可以产生一种"大小感"，而在设计中的"尺度"原则也与"比例"有关。比例尺和标尺都是用来处理对象的相关大小。若要区别的话，"比例"是一个复合作品中各部件之间的联系，而"尺度"是指与一些已知的或被认可的常数相比，"尺度"是一种对象的尺寸。

每一种空间都应该按照其用途和所处的环境气氛来确定其尺度。然而，要确立一种"环境艺术尺度"，必须有一个可以作为参考的基准单元，这就是人类身体的尺度，也就是环境的真实尺度。利用人类的身体尺度来进行总体尺寸的设计，让人们可以得到对环境艺术总体尺度的一种感觉，或者是高大威严，或者是和蔼可亲。

5. 质感和肌理

质感可以说是人们对各种材质纹理的感觉。材料手感的软硬糙细，光感的晦暗鲜明，加工的坚韧难易，持力的强弱紧驰等特征，可以将人们在感知中的视觉、触觉等知觉活动，还有其他诸如运动、体力等感受的综合过程都可以被激发出来。这个感知的过程，使人在感受到物象的时候，产生一系列的精神感受，如：雄浑、纤弱、坚韧、柔和、明亮、灰暗等。对不同的物质材料的物理特点、加工特点以及形式特点进行准确的理解和选择，这是在进行环境艺术设计的一个关键步骤。

"肌理"在环境艺术中具有双重意义。一是材质自身的天然纹理，二是在人为制作时所形成的技术肌理，肌理赋予材质以装饰性的美感。所谓"肌"，就是指原料的肌理，所谓"理"，就是指原料肌理的波状结构。例如，一张纸片可以被折叠成各种形状，岩石可以被打磨成镜面，也可以被打磨成粗糙的形状，尽管材料没有改变，但纹理和形状都会发生很大的变化。由此可以看出，在"肌"的设计上，设计中的"肌"主要是一种选择，而"理"则是一种设计的可能性。所以，在进行环境设计时，我们应该注重材质的设计和选用。而"肌理"则是指组成环境的各种因素所表现出来的富有节奏感和协调的规律性，例如，在都市区域内，旧北京的四合院就表现出一种大面积的肌理成效。构造的肌理可能来自于材质，可能来自于诸如植被之类的天然元素，也可能来自于建筑自身。

6.韵律与节奏

韵律和节奏指的是构图元素按照一定的规则不断地重复所形成的一种组合，它源自于一个音乐名词，后来被扩展到形状设计上，用来表达条理和重复性等美感。节奏在环境艺术设计中的应用，表现为对环境艺术元素在时空关系上的反复。例如，园内的廊柱，白墙上的连续漏窗，路边等距离种植的树，都有一定的节奏性。重复是把握韵律的一个主要方法，单一的重复看起来单纯而流畅；在复杂的、多层次的重复中，多种节奏相互交错，可以让构图更加丰富，产生起伏和动感的效果。但是，要特别关注的是，要将多种节奏融合到整体的节奏中。

单一的韵律。单一的韵律就是一个元素以一个或多个模式反复出现所形成的一系列的构图。过于单一的韵律，容易造成整体氛围的沉闷，可以在单一的重复中寻求变化。比如，在中国的古典花园中，墙壁上的开窗就是将形状不同、大小相似的空花窗等距排列，或者将不同的花格拼成形状和大小都完全一样的漏花窗，并按照等距排列。

渐变韵律，韵律的逐渐变化是一种不断的、反复出现的元素，它们按照某种规则有序地改变着，例如逐渐增加或减少的长或宽，或者有规则地改变角度。

交错韵律。交错韵律是由一个或多个元素相互交织，穿插而构成的一种表达。

在环境艺术中，韵律不但可以通过元素重复、渐变等表现方式，还可以通过立面构图、装饰以及室内细节的处理来体现出来，也可以通过空间的大小、宽度、纵横、高低等变化来体现空间序列。比如，在中国古代的园林里，人们把观景的空间位置，安排在构图的最高处，比如凉亭和长廊，以创造出一幅美丽的、安静的景色，因此，这里常常是游客最多，逗留时间最长的地方；在动态观赏的空间组织中，则以构图的边界和景象的交替为出发点，让游客走进不同的风景，让来往的人群，通过对蕴含在其中的韵律美的设计，既可以产生一种愉悦的、持续的、有趣的感觉，也让人对最终即将到来的惊喜有了更多的期望。

在建造的环境中，韵律美有着极其广阔的表现空间，无论是东西方，还是远古，我们都可以发现充满了韵律之美和节奏感的建筑。

四、可持续发展原则

环境艺术设计应符合可持续性发展的需要，既不能违反生态学的需要，同时也倡导环保的设计，以提高生态效益。同时，在环保设计中融入生态学理念，把握不同材质的性能和技术特征，结合项目实际，选用适当的材质，尽量采用本地取材、节约能源、保护环境，最大限度地运用绿色科技，让环境变成一个能够"新陈代谢"的机体。另外，在环境艺术设计中，也应该具备一些弹性与适宜性，给未来留一些可以改变与发展的空间。

五、创新性原则

在环境艺术设计中，除了要遵守以上的设计原则之外，我们要不断地进行创意，改变了全国一模一样的状况；对各种环境中所蕴含的文化内容和特性进行深度的发掘，并对新的设计语言和表达方式进行探索，将艺术的地域性完全体现出来，从而产生个性化的艺术特色。

在任何一种建造环境中，都会自然而然地受到空间、形式和材料等因素的影响。而在建造环境中，由于各种因素的不同形式与组合，人类才能得到色彩斑斓的生活环境。这些环境因素对人类的视觉产生作用，从而让人类可以感知到它，认识到它，并通过它的表达方式来把握它的含义，找到它的特点和规则，从而让人类能够更加舒服、愉快地在它的环境中生存。但是，单一因素的聚集是不够的，必须把各个因素按照某种法则联系起来，成为一个有机体，这样才能使环境得以充分利用。但是，在众多的环境因素面前，设计者不能因为这些因素而失去自己的目标，必须要了解每个因素所具有的特点，并且要了解它们组成的规则，这样就可以在各种环境的艺术设计中做到游刃有余。

1. 空间

"空间"是指人类生活的区域。大到一个世界，小到一个房间，所有的一切，都在我们的感知之中。在建筑中，将其空间划分为两类：一类是外部的，另一类是内部的。空间环境是环境品质与景观特征的体现，它一直在发展与改变着，并一直处在持续的更新与更替中；而且，由于技术经济条件、社会文化的发展及价值理念的改变，还在持续地生成新的、具备环境整体美、群体精神价值美和文化艺术内涵美的空间环境。但是，需要指出的是，由于物质和技术不断地发展，使得人们对环境空间的要求也越来越多元化，这就体现在，在一些情形下，对室内空间与户外空间的定义上，会出现比较不明确的现象。比如，在当代建筑中，普遍使用大范围的点阵或幕墙玻璃来构成一个或多个内部空间的外墙包围，尽管在物质上其包围是完全的，但是由于其透明的特性，使得被包围的空间在"有"和"无"中产生一种超脱的感觉，使得内外环境更加和谐。又比如，通过中堂或者公共空间的透明屋顶，把天空和太阳带到屋内，可以很好地满足人在屋内感觉到大自然的需要。更有不少现代设计师注重利用组成的形态，以产生各种不确定的界面，作为一种在室内和户外空间之间的媒介空间。这些多样化的空间形态的呈现，可以满足不同阶层人士的不同使用需要。

2. 材质

材质是指一种材料自身表面所具有的一种物理特性，它包括色彩、光泽、结构、纹理和质地等，它是色彩和光呈现的基础，同时也是在环境艺术设计中，一个不可或缺的重要因素。材质的变化会带来不同的触感、联想和美感。材质的美感与材质本身的构造、表面状态密切相关。比如金属，玻璃，建材，质地紧密，表面光滑，手感冰凉；木材，织物明显为纤维构造，质地较为松散，热传导性差，手感温润；水磨石按石块与水泥的颜色及石块尺寸的比例，可制成各种图案，颜色；如砖，毛石，鹅卵石等粗质材料，自然，质朴。总而言之，各种类型和特性的材料表现出了各自的物质美。为了表现某种特定的题材，设计师常常把素材的特性和设计思想联系起来。比如，清水砖和木质材料能够传达出自然和简单的设计意图；玻璃，钢，铝等材料能反映出现代高技术的特点；暴露在外的水泥和没有任何装饰的石头，都会让人有一种粗糙的感觉。可以说，每一种材料都有着其独特的表达方式，并且同一材料因为制作方法的不同，其表现出来的艺术效果也会不尽相同。对材料的性能、加工技术都了如指掌，对材料的特性进行合理、高效的利用，将材料的特征完全展现出来，就可以创作出令人向往的视觉和艺术效果。

3. 形态

所谓"形态"，就是在某种情况下，一种东西所呈现出来的东西。由特定的形式和内部的结构所表现的一种合成性质是环境中的形态。在环境设计中，创造性表现在其造型上，主要有两类：一类是自然造型，另一类是几何造型。大自然中的每一样东西都经历了时间的考验，经历了时间的洗礼，它们是设计师无穷无尽的设计资源。从大自然中获得的启发和灵感，已经成为当代建筑设计的一个重大课题。其设计者曾经模仿贝壳结构，蜂窝状结构，创造出许多新颖、出色的设计。比如，高迪，他的设计理念来自于对绿色世界与自然的理解与应用，他的作品既新颖又生动，充满了活力。在城市公共空间中，运用天然形式进行造型的设计比比皆是。方体、球体、锥体等几何形状具有简单的审美特性，通过对基础几何形状的加减、叠加和组合，可以产生具有丰富形状的几何形状。现代主义和解构主义的很多杰出的设计都是以这种形式表现出来的。除此之外，许多极具情调的环境设计形式，都是从社会生活中的某一事物或事件出发，往往运用夸张、联想、借喻等手法，更多地体现出地域文化和风俗，其多元化、注重装饰和娱乐性，具有后现代主义的风格。环境设计可以利用自身的形式特点来影响人的心态，让人产生愉悦、惬意、含蓄、夸张、轻松等不同的心理情感。因此，从一定程度上来说，环境形式的设计成功与否，就取决于它是否能够吸引人的注意力，让人能够真正地融入到这个空间中去。

第二章　环境艺术设计教育的发展

第一节　环境艺术设计学科的特征

从实质上说，环境艺术设计是一种将美带到人类生活中，使人类享受到美的过程。这一思想的发展源于原始时代的人类劳动，而到了工业时代，已成为一种比较有条理的学说。近几年来，随着新材质、新技术的运用，环境艺术设计取得长足的进步。作为艺术与设计的一个主要分支，它的发展是由人们潜意识中的经历而形成的，同时也受到一些特殊的西方设计流派的影响与指导。可以说，这是一门既新又旧的学问。它不同于传统的工业设计，它是一种对人类身体和精神的更为隐蔽和直接的冲击。在国内，艺术类高校中，一般都有艺术设计这门课。在信息化社会发展的大潮中，我们要对自己的教育和教学理念进行变革，以培育出新一代的艺术设计人才。

一、环境艺术设计的内涵和发展历程

关于环境艺术的内容非常宽泛，它不但包含对环境和设施的规划、对空间的装饰、对形态的营造与表达等多种艺术的设计方法，还包含诸如对采光量的计算以及对心理的认知等一些理论方面的知识。它既是一种美学，又是一种应用，它是一种技术和艺术相融合的艺术。在第二次世界大战之后，由于世界上各个国家的快速发展，人们对高质量的生活需求，以及相对安定的环境，给了艺术设计以保证。从狭义的角度来看，环境艺术设计是一个崭新的课题，它是近代以来新艺术运动的产物。从人们的日常生活中分离出环境艺术设计。在每个时期，不管是其所表达的内容，或者与之相对应的形态，都来自于当时的社会现实。在各个时期，环境艺术设计都有着各自的特征，即使是在同一个时期，它们在各个地方也有着各自的特征，并表现出地域特征。

在原始时代，人们通过磨石、制造器具、在岩石上绘画、记载等手段，初步达到了创作的目的。这个时期的环境艺术与当时的人们的日常生活相结合。贵族讲究华丽，平民讲究简单，宗教讲究庄严。也许是因为时代的原因，人们对这一问题的认识还不够深刻。在工业时代，一套比较完整的设计理论诞生了，自此，艺术设计就变成了一门专业的学问，并以此为依据，引发一系列的艺术运动，比如：工业艺术运动、新艺术运动、青年风格运动、分离派运动等，这些都直接影响到环境艺术设计的多元化发展。在第二次世界大战之后，在当代意义上，已经渐渐成型了一套完整的环境艺术设计理论，它与传统的建筑、家具设计和工艺艺术有很大的不同，但是它的内容却在很大程度上被囊括了进去，伴随着新的技术、新的材料和设计手段（例如：计算机辅助设计）的不断涌现，环境艺术设计也发生了很大的变化，向着科技化的方向发展。

当前，我国的环境艺术创作呈现出如下的发展态势。首先，学科的自主性与包容性越来越大，与多学科、边缘学科的关联与融合也越来越多。其次，多层次多样式，多层次，以顺应现代社会的发展特征。也就是因为建筑的客体不同，建筑的功能不同，造价也不同，所以艺术设计的风格也就有了多元化的倾向。第三，在提高大众参与度的基础上，对职业设计进行更深入、更规范的指导。第四，强化设计施工材料设施设备之间的配合与配合，使设计更加符合可持续发展的需要。

二、环境艺术设计学科的特点

本书从四个方面对环境艺术设计学科特征进行了概括。首先，就是全面度。它是一个由多个子系统组成的高度综合性的系统活动。它是一个综合了功能、艺术、技术的学科，包含艺术与科学两个范畴的多个学科的交叉与渗透和融合。其次，就是自主性。环境艺术设计可以分为室内环境设计，室外环境设计，公共艺术设计，工艺艺术设计，从不同的视角来看，其切入点也就不尽相同。大部分的建筑学类学生都来自于工程教育系统，他们在建造过程中，往往会从技术、物理、化学等角度去思考问题。大部分的工艺艺术学生都是经过艺术学科的培训，他们在做有关工作时，会更多的从情感角度去思考问题，整体而言，根据不同的区域进行不同的设计。第三，创意。创意是一个设计的精髓。而在人类居住的空间中，环境艺术就是对人类居住环境的创意策划与展示。环境艺术设计具有创造性，而其成果的来源是设计师的创造性思考。第四，适应能力。就环境艺术设计而言，其所涵盖的领域要远远大于目前，从一个标识设计到一个大型的环境风景设计，都是环境艺术设计师要面临的工作。对知识面、知识结构的需求将会更高，它必须具备与之相匹配的能力，才能承担起这种社会的角色和职责，对设计者的素质也有更高的要求。

三、培养环境艺术设计人才

目前，环境艺术设计作为一门受欢迎的专业，在大学中得到了很大的推广，其所培养出来的专业技术人员，也具有一定的现实需求。目前，我国高校的环境艺术教学存在着诸多问题。首先，他们在招收了大量的学生之后，并没有给他们配备合适的教师，也没有给他们配备相应的硬件设施，导致他们的教育水平良莠不齐。缺乏有效的教育管理，缺乏针对性，教育质量不高。其次，重视技巧训练而忽略了对艺术性的培育。环境艺术是一门集艺术性和技术性于一体的学科，注重人的审美情趣的创造，过于注重专业技术的训练，是一种舍本逐末的做法。过度重视市场效果，盲目跟随市场，缺乏对学生创造力的训练，将设计视为一种单纯的商业利润。过度重视就业，导致教育工作脱节。第三，学生存在着严重的依赖心理，缺乏思考和实践技能。其主要特点是过度依靠电脑，破坏了环境艺术设计原本的特点，很难在设计上取得实质性的突破。许多学生误以为要做一名设计师，最主要的是要熟练运用电脑有关的设计软件，而忽视了创作。最后，在设计作品中，表达能力较低，主要体现在对他人的工作进行模仿和借鉴，光鲜亮丽的外观无法掩盖其内容上的匮乏，创意能力非常低下，作品仅仅是一种商业的快餐，没有任何的活力。这就构成环境艺术教育中存在的不足。为培养现代环境艺术设计的专业人员，我们要从以下方面着手：

首先要改变设计理念，强化入门教学：在大学一年级的时候，学校就应当给他们上一堂有关学科的入门课。目前，我国许多大学实行"2+2"培养方式，即：2年完成基本课程，2年完成学科分流。按照教育心理学，在新生入学时，学校就要为新生绘制一张职业"导游图"，向新生讲解"艺术家的眼光，科学家的精神，创业者的思维"这三种思考模式，使新生认识到"喜爱彩虹就要不惧风雨"这一最根本的真理，从而强化新生的思想教育。

其次，要强化艺术素养的培养，使艺术创作成为艺术性与科学性相结合的一种表现形式。创作与审美是艺术的特点；而"科学性"表现为其不间断性，无限性，以及毫无人性的倾向。除了建筑装饰材料、设计色彩和造型等基本知识之外，这个专业还应该提供审美和艺术鉴赏方面的知识，以此来提高学生的审美能力，以及对美的鉴赏、领悟和创作能力。培养学生全面的艺术鉴赏力与创意力。越有特色，越有创意，就会得到更多的市场欢迎，更多的人喜欢，更多的人可以满足他们的需要。

最终，要强化学生的实习与社会实践活动。建立一个环境艺术设计专题，可以在课程大纲中所要求的内容和范围之内，与企业进行合作，并利用真实的项目来开展设计教育，将学校的学习与社会的实践紧密地联系起来，从而拓宽学生的眼界，提升他们的创新设计实践以及对社会的适应能力。由于与实际的设计方案相联系，使学生在实际操作中得到直接的体验。学生学习的积极性和主动性大大提升，同时也加强了学生对所学习的理论和方法的理解，并在此基础上，培养学生的创新意识。因此，社会应该给大学生更多的实习与践行的机会。

第二节　环境艺术设计的教学概念

一、对教学环境的内涵和功能的认识

在当代，学校的教育环境具有"广义"与"狭义"的特点。从广义的角度来看，教学环境指的是教师开展教学活动的客观世界，它包含具体的社会和自然环境。在某种程度上，它在一定程度上限制了教学活动。在狭义上，教学环境是围绕着老师进行教学活动的特定的内部环境，主要包括两个部分：一是受双方心理、综合素质以及交往模式等影响的师生关系的环境；二是教育材料因素，主要有：教室内部的陈设因素、装饰因素、多媒体及音响等；二者的内涵是互相依存、互相渗透、融为一体的。在这些因素中，教师与学生之间的关系环境是最重要的。此外，在广义的范围内，教育环境应该包含特定的户外教育环境。

在教学过程中，教学环境是一个非常关键的因素，其实，它早已为国内外许多教育工作者所关注。孟子从他母亲的"三迁教子"中，深刻地认识到了环境对于一个人受教育的重要性，他感叹道："居移气，养移体，大哉居乎。" 汉朝贾谊曾说过，主管太子教学的三位大人，以及与太子朝夕相伴的三位大人，应该"明孝仁礼"，因为"与正人居之，不能无正也……习与不正人居之，不能无不正也"。同时，他又提出：在生活中，既有人的生活要素，也有事物的生活要素；环境的布局应该具有一定的教育性，在一定的场景下，利用这些环境形成一定的教育情境，让人们在不经意间获得一种对自己有潜在影响的教育。捷克著名的教育学家夸美纽斯就曾经建议，要把教室布置成干净明亮的样子，要用图画装饰，要用名人的肖像装饰，以提高教学质量，美化教学环境。在我们国家，有些知名的教育家，对教育的氛围十分关注。"魏书生"是一名优秀的老师，他在课堂上非常擅长创设课堂情境，总是用自己的方式来启发学生的思考，激起他们的兴趣，使他们能够在课堂上创造出一种非常活跃的气氛。同时，他还对内部的物质环境进行精心的打造，比如：设立学习园地、挂名人画像、贴醒目的标语、养鱼种花，等等，故意打造出一个具有浓郁学习氛围、又充满自然情怀的学习环境，见图2-1。学生在这样一种宁静、和谐以及充满活泼色彩的氛围中，"会在不经意间被影响，被教化"，当然，学生也会更乐意去学习。

图2-1　某环艺设计教室图例

可见，在大学教学课堂中，教师所处的课堂环境是影响教学效果的主要因素。在明窗静几，灯光明亮的现代化课堂中，学生享受着名人格言与激励人心的口号，会觉得心旷神怡，精神抖擞，更能确定自己的学习方向，更能增加自己的斗志。在严寒的冬天，看着各样花草，群芳吐艳，相继绽放，就能领悟到生命的意义，更能增强克服困境的决心。而与之相配的颜色，再加上教室里的画面和音乐，更是让人赏心悦目。利用计算机、电视等现代化教育手段，让整个教室充满一种强烈的现代化氛围，让学生感受到自己才是新时代的主人，中国要想兴旺发达，就得依靠他们来奋斗，这些都能增强学生的自主性，树立正确的学习态度，增强学生的斗志，从而提高学生的积极性，在老师的指导下，更好地把学业完成。虽然造成传统课堂教学成效低下的因素很多，但对课堂教学环境的忽视也是不可忽视的因素。对此，叶圣陶曾经说过："孩子的不良学习，必是因为学校的设备，使得孩子没有动力去玩，去摸，去观察，去实验，所以没有乐趣，也没有兴趣去练习。"当然，在教学环境中，教师与学生之间的关系环境发挥着最大的影响，它们是教育的两大主体。

二、代表性的教学环境的特征

什么是一个代表性的教学环境？我们以为这是一种在教学活动周围，有着很高的代表性意义的物质条件和师生关系，也就是一种能够将教学活动包围起来，从而推动教学活动的进行，并能使其取得最好的效果所需要的一定的物质条件和师生关系。其特征如下：

首先，教师与学生在具体的教学环境中表现出"融洽"与"一致"的关系。教师与学生之间是通过一定的教学内容、教学手段而产生有机联系的。教师努力营造一种为教学所需要的气氛，使学生能够从多种心境转变到学习所需要的心境上来，在师生间进行知识与情感的双向交换，并达到相互配合、相和对应，从而产生一种与教学内容相匹配的情绪氛围，见图2-2。通过这种方式，教师可以充分地展现自己的授课艺术，同时，学生的认识能力也得到最大程度的发展，师生之间的活动看起来自然、和谐和统一，教学上的效果也会非常好。

图2-2 环境艺术设计实践教学场景

其次，在教学过程中设置浓厚的民主性氛围。在教学过程中，老师要努力创造出一种浓厚而热情的民主学习氛围，这样才能将学生的主动性发挥到最大，让他们在比较自由、活泼的氛围中，进行积极的、主动的学习。"民主就像一座连接着内心的桥梁。"要使教育民主化，必须与学生多谈、多商讨"，因此，在教学过程中，应减少发号施令的口吻、"传教士"般的表情，更应采用协商式的口吻、含笑的表情；减少思想上的束缚与受限，增加思想上的开明与灵巧；这种方式可以更好的调动学生的学习积极性。

第三，环境因子是一个稳定而多变的因素。通常来说，适合教学活动的教学环境是比较稳定的，也就是说，教师在每一节课程中所需要的教具、色彩、图像、音响以及教学媒体等要素都是固定的，并且不能任意改变，也就是指在比较长的一段时间里，室内的陈设与装饰要素都是比较稳定的。同时，由于每个课程的内容都有自己的特色，所以，在课堂上所涉及到的相关内容应该是可以变化的。就算是同样的课程，也会有各自的特色。这就要求教师对其所处的环境进行相应的调整，以达到更加协调的效果，从而提升其教学品质。

最终，教学环境具有很高的美学和艺术性。从系统的角度出发，认为教学环境中的各种要素是相互影响、相互协调的。在此体系内，所有要素都以教育活动为中心，形成一个整体的大环境，并以此为中心，形成极高的美学价值与艺术趣味。教师的一举一动的美姿，充满磁性的感人的语言，洋溢着智慧与希望之光的和颜悦色的脸庞，都显示出更高的美学特征，他们已经变成学生审美的主体对象。同时，在教师的巧妙引导和充满感染力的引导之下，或聚精会神，锲而不舍，或发问解惑，求心怀释然，展现出一种积极的朝气，这也是一道美丽的"风景"。花团锦簇，灯火通明，五颜六色，不时有悦耳的音乐响起，一副生机勃勃的画面，一副生机勃勃的诗篇，极具美感。简而言之，具有上述四个特点的教学环境，就成为了一个具有代表性的教学环境。其中，代表性环境与教育实践是相互依存、互动的，它们构成一个统一的、天然的整体。一方面，代表性环境作为一种教育活动所必须具备的必要的物质条件以及教师与学生之间的关系要素，教育行为发生于代表性的环境中。在另一方面上，教育活动促进代表性环境的生成，二者是相互促进的。

三、努力创造代表性的教学环境

（一）努力创造代表性的教学环境要注意协调师生关系，形成良好的互动态势，营造良好的教学气氛

在课堂上，有很多原因会对师生之间的关系产生影响，比如：老师的专业水平偏低，教法不当，讲课缺乏热情和感染力，学生纪律松弛，学习目标不明确，学习动力不足，学习方法不正确等。这就需要：一是不断地提升自己的专业水平；二是要不断地学习和研究新的教学理念；三是要不断地改进教学方法，不断地增强教学的艺术魅力。在另一方面，要对学生的心态进行深入的分析，充分发挥他们的竞争心强、有把学习做好的良好意愿等优点，让他们树立正确的学习态度，确定学习的目的，教给他们一套科学的学习方式，让他们更有信心地投入到学习当中。如此，在老师营造出一种适合教学内容的气氛的时候，学生就会产生一种情感反射，从而主动地对老师的教学活动进行配合，两者相和对应，从而就形成一种适合教学内容的师生关系。魏书生老师为帮助学生解决注意力不集中，记忆力差等问题，注重对学生身休和脑子的潜力进行挖掘，他要求学生每日留出一段时间来练习气功，从而让大部分学生的注意力和记忆力都得到很好的改善，他们的成绩也得到显著的提升。钱梦龙老师曾经到另一个地方去任教，因为他的名气，学生都很害怕，所以在课堂上都很紧张，老师和学生之间的气氛很不融洽。钱老师觉得这样对他的教学不利，便巧妙地利用他的名字，给他的学生出了一个谜题。聪慧的学生一下就猜中，老师和学生都露出同样的笑容，这样，死气沉沉的气氛就被冲淡，老师和学生的关系也变得更加亲密。钱老师利用这个好机会，用热烈的激情和鼓舞，使教室里的气氛变得活泼，这样，就产生一种适合教学的环境，从而使教学顺利进行。

（二）创造代表性的教学环境的方式方法应该灵活多样，因人制宜，注重实效

有很多种方式来创建代表的教学环境，老师在进行教学活动的时候，可以以一种

方法方式为主要内容，然后再考虑到其他方面，也可以综合运用多种方式，并辅之以挂图、标语、色彩、音响或一些现代化的教学媒体。但必须因人施教，要适合学校、适合学生，同时也能体现老师的艺术风格，确实对提升教育质量有帮助。许建国老师在教授《荷塘月色》时，特意要求他在课堂上播放音乐声，并用彩粉在黑板上作画。利用颜色、音乐和形象，构建出一种与散文意境浑然一体的奇妙的教学环境：朦胧的月光，田间的莲叶，脉脉的水流，清幽的蛙声，浓郁的森林，这就是一副动静相衬、声情并茂、色彩斑斓的"荷塘月色图"。学生仿佛站在了月色下的莲池之中，体会着作者那快乐与忧伤相交织的矛盾心态，进而对散文展开了高水平的欣赏，并获得了回味无穷的美学享受。在许老师的有意营造下，这种教学环境具有极高的美学意义，具有极高的创造力。如果我们在每次上课时，都能像许老师那样用心地创造出一个良好的教学环境，那么我们的教学肯定会收到良好的效果，我们的学生也会受到良好的教育。

（三）我们在营造教学环境时还需要因地制宜，反对形式主义

校园内的物质基础是影响课堂教学环境的重要因素。学校的条件相对较好，教师能够充分发挥自己的优势，创造出适合自己需要的教学环境。但是现在，大部分的学校，特别是在农村，仍然存在着很多的不足之处，比如，一些教室比较破旧，一些教育设备比较落后，一些学生的视野比较窄，一些学生的综合素质比较低等。因此，教师们要从现实的角度，考虑问题，并采用合适的手段和方式，将教学的环境营造得朴素、大方、热烈、欢快，充满浓厚的学习氛围，这样也可以获得很好的教学效果。这种脱离校园的物质基础，脱离学生的现实条件，盲目地追逐"时髦"的行为，是不可取的。同时也要注意到，尽管教学环境对教育质量有很大的影响，但并非决定性的。所以，如果不注重对课堂艺术和教学规律的学习，而是将所有的注意力都集中到辛苦地管理教学环境上，那么这种方式就会将环境艺术设计教学带上误区，起到事与愿违的效果，这是非常不明智的。

第三节　环境艺术设计的教学的方法

一、环境艺术设计教学观念

伴随着环境艺术教育的不断发展，人们会对有关教育的信念、价值及教育活动规范产生一些基本的认识和思想，而这些针对于环境艺术学科教育教学所产生的观点与

意识，就是环境艺术的教育理念。同时，由于时代的要求，环境艺术的教学理念也在发生着变化和革新。尤其是当前的环境艺术教学理念，在对传统教学理念的扬弃和实际教学改革的基础上，提炼出了一种新的、适应时代的要求的环境艺术教学理念。这些新的环境艺术教育思想有着自身的特点和规律性，它们不仅符合当前实际教育改革的需求，而且还代表着未来环境艺术教育思想和实践教育的发展趋势，因此，对环境艺术设计的教学思想进行深入的探讨和总结，有着十分重大的实际价值。

（一）环境艺术教育的特色观念

从教育学的角度出发，在环境艺术教学中，"特色"观念包括两方面的内容。一是推动环境艺术教学目标的个体差异性和谐发展，二是要构建特色化的教学体系。这两大要素相互影响，密切结合，构成当代环境艺术教学的个性化进程。在这过程中，推动环境艺术教学的主体个体间的和谐发展是其终极目的，而实现这一特点的途径则是建立环境艺术教学的特斯机制。如果没有目的，那么就会丧失其存在的意义，如果没有方法，那么就无法保证其达到目的，因此，方法为目的，在这种情况下，我们可以说，环境艺术教育的特色观念的本质，就是要达到教育对象的个人化、协调性发展。

为了使环境艺术教学目标达到个体化的和谐发展，应重点抓好两个教学环节。第一个步骤就是要将被教育对象一直以来都处于被动学习的状况转变过来，让其可以在环境艺术课程教和学中发挥出自己的作用，并在这个过程中达到真实的自我展现和发展的目的。唯有如此，在环境艺术的教学中，才能实现因人而异、因材施教的目标，让学生得到他们所需要的、所向往的、所思考追求的，让学生在学习环境艺术的时候，有一种归属的感觉，在对环境艺术的研究和应用中，培养出自己的个人思考能力。因此，怎样使学生能够在教学过程中发挥自己的主观能动性，培养出自己的个性思考能力呢？这就要求我们将又一个实践环节好好地做好，从而形成一种系统而又具有多种方式的个性化的环境艺术教学模式，让学生能够主动地参与到环境艺术教学中来。在实际的环境艺术教学中，因为传统的程式化、填鸭式的教学方法和教学形式，导致许多学生对环境艺术课程中具有实用性、操作性等的感性实践类课程充满浓厚的兴趣，而对理论、思维等抽象的理论课程则是摈弃。从而证实在实际的教学过程中，只有在具体的实施中，才能真正实现学生的主动性和个性的发展。所以，怎样才能让受教育者能够持续地、有意识地提高自己的理论、文化和综合素养，这是在进行环境艺术特色教育时，必须要着重解决的一个问题，也是当代环境艺术设计教学必须要探索的问题。

（二）环境艺术教育特色观念中的民族文化观

民族文化观指的就是这个国家的特有的精神文化面貌，在其漫长的发展过程中，世界上的每一个民族都会发展出自己特有的文化与精神特点。民族精神是一个民族大多数成员所尊敬的最高生活原则，因此，在环境艺术教育理念中，应该将受教育者的基本精神生活规范，包括在本民族的精神特征之内。在环境艺术教学中，应该担负起对具有高度个性化和灵性的民族特点的教学职责，重视对环境艺术教学中地方民族化的指导。尤其是，在我们国家，有必要构建出一种既能体现中华民族特点，又能适应本国国情的环境艺术教学体制，让我们能够以自己民族特有的形象，来培育出一批具有地方特色的优秀的环境艺术设计师。每个民族和国家都有着自己特有的文化传统，将这些传统中所吸收的养分融入到时代的需要之中，将会孕育出一种新的、具有强烈个人特征的、与该民族和国家所处的时代精神相符的、具有鲜明个性特征的新的艺术设计形式。

这样一种艺术设计形式，通过了历史的考验和不断的改进，最终将会发展为一个国家和一个民族的将来所需要的一种传统元素。一国或民族特有的环境艺术设计样式，也会在这个周期中不断地演变和发展。所以，对优秀的传统文化和从其派生出来的传统设计风格的传承和弘扬，应该融入到现代环境艺术设计师的设计思想当中。中国是一个有着深厚的历史和深厚的文化积淀的大国，中国的古老教育在数千年的发展过程中，已经深深地刻上了本民族的印记，因此，现代的环境艺术教育也必须保留本民族的特征，才能培育出一批具有中国文化特征的环境艺术设计师，为我们的环境艺术设计做出自己的努力。

就目前我们国家而言，要在当前的环境艺术教学中，从两个角度去探索，以达到其教学的本地民族化。一是在环境艺术教学中重视对学生进行人文化的教学。要让学生们去研究那些承载着丰富的传统文化内涵的文、史、哲等与环境艺术学科有着紧密联系的人文知识，从而让我们的国家优秀文化能够继续传承下去；二是，我们要用辩证的眼光来看待在环境艺术教育中民族化和全球化发展的关系。在当前的时代背景下，在文化信息的全球化背景下，我们的环境艺术教育要始终保持着国际化与本土化互补的融合发展，这样我们才能在我们的教育系统中，在我们的课程中取得独一无二的位置和特点。具体地说，将人文教育融入到我们的环境艺术教学中，可以从下列几个方面入手。

首先，要转变过去的教学观念，转变过去只重视环境艺术专业教学技巧，忽视学生整体素养的教学观念和趋势。例如，我们可以采用每年都会对环境艺术专业学生的录取文化分数线进行提升，从而对录取生源的文化素质进行提升。在教育教学环节中，我们可以加大与专业有关的传统文化课程的比例，从而对传统文化教育进行加强。还可以利用选修或第二专业等形式，对学生的学科交叉学习能力进行加强，对外语学习与信息处理能力进行加强，对新技术新材料的获取与应用能力进行加强。其次，将中国民族艺术专业纳入到环境艺术专业的教学计划之中。例如，将传统工艺艺术的教学内容重新纳入到环境艺术的教学内容中。在传统工艺艺术教育中，进行民族和民间工艺课程的学习，可以让学生学会如何对传统的设计符号进行表达，从而在自己的设计中，自动地对传统的设计精神理念进行传承，并对自己的民族优秀传统产生一种自豪感。第四，改变目前在我国的环境艺术教学中，只注重技术而忽视理论的观念。以理论为指引，唯有对自己的理论修养进行持续的充实，才能让自己的设计之道越走越长，所以，在环境艺术教育的课程规划体系中，还需要对与其有关的设计理论课程进行教学。在这些理论课程中，包含与环境艺术设计学科有着紧密联系的设计史类、方法论类、工程管理类、法律法规类等丰富的内容，也唯有如此，才可以将环境艺术设计的课程学习得更好。

（三）环境艺术教育特色观念中的地域差异观

在进行环境艺术教学时，应正确认识到其地域的差别，并在此基础上保持和培育各地的特色。例如，我国国土面积很大，民族很多，各个区域的生态、文化和经济、社会发展都有很大的差别。这就需要各个区域的环境艺术教学从当地的具体情况出发，在环境艺术教学中，要保持当地的本土传统文化特征，要重视对各个民族的文化传统的传承和发展。但也要面对不同区域之间因经济发展的不均衡而导致的不同区域学校的环境艺术教育目的的差异。学校的办学宗旨是：教育要在当地，为当地服务，以务实的态度，为当地学生的人格发展和特长培育做出积极的贡献。同时，对各个区域、各个层级、各个培养方式进行科学规划，使其具有区域差别化的特点。对本地环境艺术人才市场的需求进行客观的分析，明确自己的教育培养目的和培养模式，对当地本学校的层次与类型进行精确的定位，并根据自己的教育目的，对学生的人格进行全面发展。唯有立足于当地的现实，充分发掘当地的特色，对其进行清晰的层级化的教学，并将自己的培训对象定位清楚，从而打造出具有自己特色的办学方式，这样，就可以使自己的环境艺术毕业生得到市场的认同，从而可以将一批出色的环境艺术设计师都培养出来，对整个社会做出更大的贡献。

（四）环境艺术教育特色观念中的校园文化观

大多数的教育发生在学校。说到教育，我们就无法离开学校，而在学校里，我们所处的各种教学情境，又会对学生的人格发展产生不同的影响。在现代的环境艺术教育中，也将创造具有自身独特性的学校教学氛围作为重点，利用学科的优势来凸显环境艺术教育的个性特征，这也就是在当今的环境艺术教育理念中，构建具有特色的校园文化。校园文化的核心内容，就是学校对各个专业的办学理念的尊重和支持，它对各个专业在学校中的办学发展的方向和方法有很大的影响，同时也对整个学科的教育和教学行为产生一定的约束。优秀的校园文化构建，在经历长时间的实践和发展之后，就可以形成一种独特的校园文化风格。学校特有的文化氛围，有助于培养出具有鲜明个性和特点的学风。因为它的独特性，所以具备环境艺术教育学科的学校，在构建自己的特色校园文化的时候，应该根据环境艺术教学和学习的特点，支持和协助环艺院系构建出一套与其学科发展方向一致的教育思想方法体系，从而打造出一套具有环境艺术教育特色的学院系文化。并将其融入到学校的校园文化体系中，达到各系科、各专业的文化相互独立、相互渗透、相互影响、协同发展的目的。在此基础上，增加对环境艺术类和与之有关的学科的公众阅读书籍；建立环境艺术专业书籍与媒介馆藏；在国际上举行有关环境艺术的学术交流活动；有系统地安排学生参与各类竞赛和展览；积极地与周边装饰行业的公司建立联系，使学生有更多的机会参加项目的实务工作；营造出一种富有特色的学习、教学、生活等。通过这种方式，可以创造出一种浓郁的环境艺术教育的教学气氛，凸显出学校教育的文化特性。

各国与地区的环境艺术教育要肩负起对本民族与地区文化进行传承与创新的社会职能，必须在特色教育理念下，构建出自己的教学特点。高校不同层级的环境艺术教学要在"个性化"的理念下，达到自身的培养目的，以适应市场的需求，就必须要有自己的教学特点。每一所具有环境艺术教育学科的学校，要保证学生的人格的协调发展，就必须在特色教育理念下，形成自己的独特的校园文化与办学特色。在艺术教学中，最有价值的就是要保留艺术自身的特点，在进行环境艺术教学时，要坚持特色的教学理念，实行特色的教学方法，这是最重要的一点。在国外，有很多著名的设计大师，他们都是在学校或自身多种方式的特色教育理念下，逐渐发展出自己的性格特点，他们始终将自己的信仰与理论作为自己的指导，并以此来引导自己的设计实践，从而创造出了如此多的举世经典的设计作品。我们认为，以中国特色的环境艺术教学理念为导向，中国的环境艺术教学一定会为我们提供更多的环境艺术设计专业人员。

二、环境艺术设计教学方法

（一）优化教学管理机制

要使有关管理人员注意到环境艺术专业的课程设置，就需要加大对基础课的教育力度，特别是对环境审美这一学科的教育。当前，关于环境美学的研究多集中于对城市空间美学和建筑美学的研究，在国内外学者中，关于这两个领域的研究都取得了较好的成果，因此，开展这门学科对于提升学生的专业知识水平和审美趣味具有非常重要的作用。针对具体的需要，可以实行"工作室制"，也可以成立一些社交性的设计公司。"工作室制"，即先对学生进行统一的模塑基础与专业课培训，然后到专业课指导老师的工作室进行专业课的培训，由公司（工作室）建立统一而又灵活的教学与经营体制，以实践加强理论性，以实践为依托，提高理论水平。高等职业技术学院必须要采取一种更加灵活的教学模式，使其能够在教学过程中与社会需求之间没有任何缝隙，从而在教学过程中，培养出既懂理论又拥有强大实践经验的高技能型人才，这才是学校教学的目的。

（二）创新教学环境

如何培养出高技能、高素质、高水平的专业技术人员？创新环境设计专业的教学，是正确对待基础课程和专业课之间的关系的保障，特别是在"专业设计课"的过程中，要利用各种途径，强化和社会的沟通，为学生提供更多的机会，让他们有更多的时间去参加真正的工程项目的设计，并鼓励他们把企业的研究成果拿到校园中来，在教师的引导下或者在课余的团队中进行研究。或者让学生参加教师接受到的工程设计项目，在进行设计的过程中，把在课堂中所学到的理论知识应用到实际的设计中，并在实践中提高自己的能力。北海艺术设计高等专科学校以"教师身份"和"设计师身份"为特色，探索出了一条"教师身份"和"设计师身份"并重的成功之道。很多教师不但肩负着培养人才的重任，还在为当地提供服务方面做出巨大贡献，成立了设计公司，担任设计总监、设计师等职务，将项目制度引进到北海艺术职业学院的环境艺术系，在实践中，他们已经成功地完成大量的设计项目，在实际工作中，他们的设计能力得到显著的提升，同时，教师也可以利用实际的情境，及时发现问题并解决问题，从而让他们的设计能力和设计的品质得到进一步的提升。

（三）服务和融入地方

就环境艺术设计作品本身而言，无论是哪一种材料形式，其所蕴含的文化意蕴都不尽相同。这就对设计师的文化素养提出了更高的要求，在设计出的作品时，要对其所在地区的历史背景、人文思想观念、民族化特点、经济发展概况、人的思想演化过程等方面进行全面的衡量，并具备民族化观念。唯有如此，设计师才能从表象中，体现出基于物质形式的精神观念，从而对设计有一个整体的、深入的理解，设计出与当地民情民风相吻合，容易为大众所接受的民间艺术作品。因此，在构建课程体系的时候，要突出民族化观念、服务地方的理念，在基础课的设置上，要积极融入地方底蕴、地方文化。在提出项目概念之前，需要对项目进行深入的调研。在进行设计创意之前，需要对其进行足够多的实地调查与分析，充分利用好地图、照片以及各种调查统计的表格与数据，对其所处的环境特征进行阐述，并对其提出对环境建筑设计的思路约束性解决方法。教师们要主动参加科研申报工作，利用课题立项来进行科学研究，从而可以有效地解决在服务地方过程中所出现的问题。在为地方提供服务的过程中，可以有效地强化环境艺术设计课程的本地化。在北海艺术与设计专业中进行的一次成功的探索，它以工程为指导，以研究为指导，有力地推动了为北海提供服务的社会行动，同时承担着继承北海文化的社会责任。

由于环境艺术设计是一门具有很强实践性和创造性的学科，因此，我们这些专业教师要对其进行优化，对其进行创新，并不断地运用教育改革和新的措施，来强化对学生创造性的解决问题的培训和创造性的实践能力的培养。在对人才进行培养的过程中，用科研的方式，持续探索新思路、新方法，为当地提供更多的服务，对先进文化进行传承，促进我国的环境艺术设计专业的发展。

第四节　我国环境艺术设计教育现状

一、环境艺术设计专业的起源

从发展的角度来说，室内设计是比较成熟的，因此，在国内的大学中，在教授环境艺术设计的时候，一般都是倾向于室内设计的教学。随着我国高校开设《环艺设计》这一课程，在国内各个大学都得到了一定的发展。特别是最近几年，随着高校的扩大招生，艺术专业的大学生数量成倍的增加，大学毕业后的就业问题更是摆在我们面前。在我们的教学过程中，首先要思考的就是怎样培养出符合当前社会需要的环境艺术专业人才。目前，我们的环境艺术设计教学中出现许多问题，这些问题对我们的学科建设以及人才的培养都产生很大的影响。

在全国人大五届五次会议政府工作报告中提出："高校要进行专业设置和教育改革。以往，由于专业的划分过于细致，导致学生的知识范围过于狭小，无法满足各种建筑工作以及进一步学习的需求，给毕业生以后的工作以及工作的转变带来很多的问题，这些问题都应该得到解决。"新颁布的《普通学校社会科学本科目录》在全国范围内实行，是"工业设计""工业造型设计""染织设计""服装设计""陶瓷设计""漆艺设计""装潢设计""装饰设计""工艺艺术历史及理论"等九个专业。从那时起，环境艺术设计就成了一个独立的学科。

通过以上可以看出，环境艺术设计教育的起始是从工艺艺术教育中脱胎出来的，建立在工艺艺术教育的基础之上。目前，设计教育在本学科的教育领域形成了中国特色，分为两大体系，一是理科教育，二是文科教育。理科教育是建立在科学与技术基础上的艺术教育，它的逻辑性很强，对变化进行分析的能力也很强，这也是当前国内大部分理工类建筑院校的基本特点。此外，文科教育是建立在文字观念之上的艺术性教育。具有鲜明的艺术特色，表现出个人的思想感情。它的优势在于学生有很强的形象思维能力。这也是目前国内大部分设计机构都具备的一个基本特点。这两类院校各有各的不足之处，艺术类院校注重艺术教育，把环境艺术设计归于表面的视觉设计教育，而以理工为主的建筑类院校明显缺乏艺术体系的支撑。这是对环境艺术设计教学本质的一种背离。面对它们各自存在的不足，这两类院校应针对自身教学理念中存在的缺陷，进行相应的改革，将环境艺术设计的教学做好。

二、目前环境艺术设计教育中存在的一些问题。

（一）课程体系不健全

在课程体系设置上，过分强调艺术性，而忽略人文、自然科学和工程技术等学科。过分强调形象思维的训练，忽视逻辑思维与科学思想的训练。尤其是在一些专业课程的授课中，更是体现了一种注重视觉效果，突出个性的授课思想。可以说，这样的教学模式与其目的是相去甚远的。这是由于它是一门自然科学，如工程学，材料学，力学，人文科学，经济学，管理学，艺术学等的综合学科。环境艺术设计既要有艺术，也要有美，但是，它所表现出来的美，是一种功能美，是一种科学美，是一种艺术与科学的结合，它还包括一种人文精神，一种人性化精神。因此，在现代社会中，要有科学技术的支持，要有工程系统的支持，要有人文知识的支持。中国古典园林充满浓郁的人文主义色彩，例如：北京的颐和园，苏州的柳园等。在西式花园中，最能表现出的就是严格的科学性，比如凡尔赛宫的"拉冬娜"喷泉，还有一条1。6千米的"十字型"人造河流。不管是中国的花园，或是西洋的花园，都是一个系统工程。但是，如果按照我们现有的关于环境艺术设计的课程体系来进行教学，那么所培养出来的人才，就会因为缺少系统化、工程化的思维，缺少对自然科学和人文等领域的相关知识，因此，所培养出来的人才，可以说不属于艺术人才，也不属于设计人才。所以，在对课程体系进行控制的过程中，既要重视对基本的审美课程，又要重视对科学、人文等课程体系的建设。

因此，构建多学科融合的环境艺术设计专业课程体系势在必行。在经济发展和社会发展中，随着人们生活水平的不断提高，人们对环境艺术设计提出更高的要求。而随着时间的推移，没有一种学科能够脱离其它学科而单独发展。特别是在环境艺术设计中，它将体现出智能化、情感化、多样化的特点，并且更加强调以人为中心的特点，这些要求毫无疑问地体现出现代环境艺术设计的适时性、多元性和前瞻性。在将科技和艺术有机地结合起来的同时，还应该注意到与其它学科的相互渗透，比如建筑学、人文学、经济学、社会学、法律规范、符号学、心理学等。将课程的内容进行横向的连接，在各学科之间进行垂直的延伸，构建出多学科为专业提供服务的课程体系，将交叉学科相互融合的课程特色表现出来，将重点放在对学生的实验能力和创新精神的培养上，最终构成一套富有时代特色的环境艺术设计课程。要想要培育出一个具有高质量和综合能力的环境艺术设计人才，最重要的一点是要对当代的环境艺术设计教育的思想理念有一个清晰的认识，并在这一理念的指引下，对其所涉及到的专业和理论框架进行比较完整和系统的讨论，并根据不同的学科背景，对其进行合理的安排。以多学科为背景，让环境艺术设计专业从传统的艺术拓展到了艺术文化的领域，与现代科学、文化、艺术融合的设计理念相符。

（二）人才质量不高

环境艺术设计是一种高度综合的学科，科技作为一种实践手段，不仅需要以科学理论为依据，而且需要具有很高的美学和艺术性。但是，就当前国内开设的两种类型的设计学校——艺术学院和理工学院来说，这让环境艺术设计教育处于非常尴尬的位置。环境艺术的创作过程和创作方式，都是在合理的基础上，严格遵循自然规律和科学规律，而艺术性的表现，就是灵活多变的思维方式，创造性的思维方式，以及对人类本质的全面关怀。而当今的设计领域，就是理工类的建筑设计而言，建筑设计学科是基于对建筑历史和建筑设计理论的研究，形成一套比较完善的思维体系和科学的研究方法，并且着重于工程性，重视技术的培养。这就注定，不管是在室内设计方面，还是在户外的环境景观设计方面，都缺乏一种持续的、广泛的、系统的理论性的研究，导致学生的知识结构比较简单，而且不够健全，无法提高他们在环境艺术设计方面的能力。

从目前的情况来看，如果不将现代设计思想理论和现代科技理论的课程建设与理论研究有机地融合起来，那么，环境艺术专业将难以获得大的进步与发展。从包豪斯设计学校提出艺术性与技术性的统一的主张，到美英时期，更多地强调将设计教育与经济、商务、管理等领域的融合。它的目标是要使学生之间的知识结构相一致，从而提升他们的整体素养，从而使我们能够从中获得启示，排除偏颇，提升自己的教学水平。

（三）教学方法和教学内容问题

而在整个教育过程中，教学方法又是最为关键、最为基础的一环，它最直观地反映了教育思想、教育制度。目前，就教育方式与教育内容而言，因为各方面的原因，仍然有许多问题。比如，我们的一些专业教师在教学中，自己以为使用的是案例教学法，但通过分析，他们发现这并不是案例教学，更没有将环境艺术设计专业中案例教学所强调的"以实际操作方案为例、以系统化工程化为标准、以工程和人文系统为参考"等教学理念和教学内容融合到课堂中，以至于学生所学的知识只在图纸上。再比如：我们在教室里使用的"朱例教学法"，许多事例都不是教师亲自参加的工程，而是只是将别人的工程方案呈现出来，缺乏对设计背景的分析，缺乏对方案思想的产生，方案设计的过程和成果的分析，因而不能有效地提高学生的设计水平，这样的教学方法，只会使学生产生一种"仿效"的感觉。除此之外，在教育方式和教育内容方面，还存在着对学生的写作能力和逻辑能力的培养不足，缺少了对学生的科学思维和逻辑思维的培育，缺少了实践技能的培训，还有就是教育与实际社会之间的脱节等问题。

现在的情况是，应届毕业生通常还不具备自主设计与实践的能力，需要两三年的时间来培养。其实，由于环境艺术设计是一种注重实践的学科，只有通过社会实践，才能不断地完善自己的经验，才能使自己的思维更加缜密。而这种情况也可以在某种意义上从单一的教室学习转向将教室与实践学习有机地融合起来。在环境艺术设计的教学过程中，实践课是一个不可或缺的一个步骤。将理论课和实践课的有机地融合起来，不仅能够让学生从一个被动的学习者变成一个主动的、独立的学习者，还能够让他们在工作中对自己所学的东西进行验证，从而补充他们在学校中所学的东西的缺失。但是，从现实的角度来观察，一些学校对于学生的社会实践课程和毕业设计都是放任不管的，同时，一些实习机构为了满足市场的运作的需要，常常在实习的内容、要求等方面与教学内容不能保持一致。这就扩大了学校和社会生产实践之间的差距，形成一道无法跨越的鸿沟，导致学生对实际的项目的整体过程一无所知，这也导致他们在步入社会后，要经过很长一段时间的摸索，才能习惯。而我们的教育最大的缺点就是与社会生产相脱离。

（四）招生问题

从对环境艺术设计的要求以及其本身的特征来看，不难发现：在我国，当前的环境艺术设计专业属于艺术学，在专业入学考试中，其课程设置主要是以素描、速写等为主要内容。究其原因，主要在于有关部门及教育部门将其视为一门纯粹的艺术课程。结果就是：那些在中学阶段学习不好的人，选择了报考艺术设计专业，以求考入大学。学生的特征主要有：文科学生占比高，整体素质偏低，逻辑思维水平偏低；缺乏对科学的了解；知识范围狭窄；对自然科学缺乏接纳等问题。

（五）师资问题

从环境艺术设计成立之日起，我们国家就一直缺乏优秀的教师。在经济发展，尤其是房地产业发展的背景下，无论在什么条件下（包括硬件、软件、师资），高校都开设了环境艺术设计专业。现在，在全国范围内，已经有1000多所高校开设了环境艺术设计专业，而且每年都有几万名学生（最少的数据）从这个领域中走出来，这使得环境艺术设计的教师队伍更加的捉襟见肘，教师队伍是影响环境艺术教学的一个主要原因。

好的教师是怎样的？一名环境艺术设计教师应具有哪些素质，如何培育高素质的环境艺术设计人才，这两个关键问题，我们必须先认识到。尤其是对于环境艺术教师而言，尤其对于高校教师而言，这就要求教师对环境艺术设计这一学科有怎样的理解。就当前而言，很多教师对于环境艺术的理解有很大的误区，他们把环境艺术视为一种艺术化的创造，可以无拘无束地自由发挥，因此，他们在教育过程中，过分强调强调艺术美，过分强调个人表达，过分强调装饰效果，更过分地强调"视觉效果"。除此之外，教师的知识范围较小，缺少科学知识，尤其是自然科学方面的知识，这也导致教师虽然对环境艺术设计学科有一定的了解，但是由于自身的能力和知识的限制，他们不能运用科学的思维来进行教育。因此，我们要对教师进行二次培训和学习，重点是加强教师的研究和适应市场的能力，让教师自己对自己所教授的学科有更深刻的理解，并在引导学生完成工作室学分和讲评学生作业的过程中，增强教师的责任感，从而提升教师的教学水平。

三、高职院校专业课程的教学现状

就高等职业技术学院而言，其环境艺术专业的传统教学方式大多以理论讲解为主，近年来逐渐开始注重实践教学。至于课程安排，大部分都是大一大二的学生学习基础专业课程，到了大三，就可以正式投入到实践中去。因为高等职业技术学院的学制，学生实际学到的知识并不多，所以各专业的课程都很紧张。在过去，大部分的职业技术学院都采取了"灌输法"的教育方式，教师是主要的载体，学生是被动的，在课堂上缺乏互动，缺乏良好的学习气氛，不能充分调动学生的学习积极性和主动性。同时，它也是一个要求学生思维活跃，创造力强的专业。因此，"灌输法"的教育方法并不适合于培养学生的自主学习能力，也不适合于他们未来的发展。

四、环境艺术设计专业的课程教学改革思考

在环境艺术设计的课程中，我们不能遵循传统的教学方式，应该注重对学生的艺术想象力、创造力、动手操作能力和综合素质能力的培养，对各阶段的学习任务点进行合理的安排，将实际操作的动手训练引入到每一学年。加强对学生的全面的培训，让每个时期的学生都能够对这个时期所要设置的技能和任务点有一个很好的了解，以此来凸显教学的特点。

要重视实践课程的教学，给学生更多的参与实际项目的设计的机会，并在在校期间，鼓励他们去企业实习，将工作中的项目任务带回校园，在教师的指导下进行。这样，就可以把实际工作与理论结合起来，让学生在实际工作中更好的把握所要学的全部理论知识。在教学中，鼓励学生的动脑筋和实践活动，提高学生的创造力。创新是设计的灵魂，

在进行环境艺术设计的实践中，由于没有教师的引导，其设计思维仅限于教科书和教师通常所说的理论。在实际操作中，学生对设计的认知可能都是一样的，有的时候，由于脑海中的设计思路太过虚无，会发生互相剽窃的情况。缺少教师对其进行相应的引导工作，不能更好地对学生的创造性思维进行训练。曾经只是一个教书育人的教师，现在变成了一个真正的引导教师。在学生进行设计实习的时候，教师可以针对他们在设计工作中的固定思路和常用的设计手法，进行一些指导，让他们了解到，设计实际上是一门要在不违背公众的审美需要的前提下，不能打破自然的平衡，能够发挥出自己的创造力的学科。我们将书本上的理论讲解引入到学生的实际操作当中，在教学结束后，可以让学生去市场进行调查，将所学到的知识带到课堂上，让他们自己进行讨论，最后完成作业，这种教学方法能够充分地激发他们的学习热情，培养他们的创新能力和自主学习能力。提高课堂教学质量，促进对学生的环境艺术设计能力的提高。

此外，在教育策略上，我们要着重于大学科的培养，即：培养一批具备全面素质的专业设计人员。强调整体性和综合性，避免单一，把平面和颜色和三维结构融为一体，把建筑历史融入到这一体系中，形成一套专门针对环境艺术专业的《形式美基础——建筑史》。重点解决颜色，体积，空间的关系和问题；注重对空间的造型表达和颜色的统一，并通过对建筑史的介绍，加深对建筑文化和建筑构造特点的理解。通过对高等职业艺术专业的课程进行重组与调整，使高职艺术类教育有了全新的发展空间。在理论教学的基础上，增加很多的实际操作，让学生可以获得不同的学习结果，让他们在毕业后可以更快地适应今后的工作，更好地走上社会。

五、教学改革与实践

（一）提高对专业认知的教学实践

针对广大群众、环境艺术设计教师、广大学生等对环境艺术设计的长期误解，结合我校自身的特点，通过《设计原理》《中外建筑史》《艺术设计文化》《设计应用数学》等学科的教学，让广大师生更好地理解环境艺术设计。通过这些课程，可以让学生对艺术设计的实质有更深的了解，对环境艺术设计专业的特点有更深的了解，从而让他们了解到在一份工作中，必须要拥有什么样的知识，以及应当具有什么样的素质。与此同时，在某些基本课程（例如：形式观察与表现课程，素描课程，色彩、图形创意等课程）中，我们在创作和技巧的培训中，对设计概念、设计目标和设计行为等的理解，而不仅仅是对技巧的培训。在提升学生对专业的认识程度的同时，可以对他们原本的不正确的看法进行有效的转变，从而提升他们的学习目标和学习热情，所培训出的学生的素质也有显著的提升。

（二）教学体系的建构

因此，构建我国环境艺术设计教育的体系结构，是一个亟待解决的问题。首先要依据学校所在区域的经济发展状况、区域文化特色以及生源条件等因素进行建设，比如：云南是一个由 26 个民族组成的多民族大省，地域辽阔，资源多样，再加上云南地处边境，经济发展较为落后，云南财经学院的环境艺术专业大部分毕业生都是从云南各民族中选拔出来的，所以，在建设课程的时候，要考虑到这些特点，将所建设的课程与云南的自然环境、建筑形态等因素相融合。其次，在建立环境艺术设计教学制度时，要体现出现代化、科学化、信息化、创造性，要把艺术、科技、人文、传统与市场有机地融合在一起，尤其要把教学制度与市场环境联系起来。为此，我们构建一套以设计过程为核心的工作室教育系统，从而更好地为我们国家的环境艺术设计教育做出自己的贡献。

（三）提高学生综合素养的教学实践

在环境艺术设计教学中，培养合格的环境艺术设计人才，关键在于培养学生的自身素质。就学生素质教育而言，其道德品质、心理品质和文化品质等因素是其可塑的基础。而观察力、想象力、记忆力、思维能力、总结和归纳能力、表述能力、综合运用知识能力、创新能力、接受新事物和新思想的能力、管理能力、动手和实际操作能力，都确定了学生在将来走向社会之后，能否能够承担起艰巨的设计任务，而这些能力在他们的基础素质中起到至关重要的作用。同时，在教学实践中，我们也要具备较好的表达能力。因此，我们通过随堂讲授、评述自己的计划、解释计划、分析计划的优点与不足等方式，使学生的整体素质得到全面提升，从而满足今后社会发展、社会生产的需求。

（四）教学的改革与实践

在环境艺术设计专业中，实践教学主要包括两个方面：一是使用有关的辅助设计工具；二是进行相应的实践教学。在辅助设计工具的教学方面，我们改变了以教授软件操作为核心的教学模式，即用完成设计项目的方法来达到对工具操作的掌握。其优势在于：目标清晰，有的放矢，消除以工具操作为中心的盲目性，大大激发学生的学习热情，并从设计、工具学习等多个角度让学生获益。在实际训练过程中，我们也可以采用以项目为核心的教学方法，将理论与实践相结合，取得良好的教学结果，有效地提高学生的环境艺术设计能力。

对于开设环境艺术设计专业的大学而言，要利用艺术与理工两个学科的交叉融合，实现其教学的资源共享，同时要立足于自己的学科资源优势，打造出自己的特色。让学生在学好基本的设计理论与专业知识的基础上，重视与其他学科的相互联系，并通过亲自参与社会实践，对这门课程有一个整体的认识和掌握。在此基础上，要重视环境艺术课程的"民族化"。伴随着设计行业的持续发展，从事于设环境艺术设计工作的人员也越来越多，因此对人才的教育和培养就变得更加严重、更加迫切。我们有理由认为，在国家的共同重视和努力下，我们国家的环境艺术设计教育将会越来越繁荣，我们的环境艺术设计人才将会越来越多。

第五节　中外环境艺术设计教育对比

一、中外环境艺术设计教育

（一）中外环境艺术设计教育相融合实例现象

20世纪初期，国内以建筑设计师为主的室内设计。上世纪二三十年代以来，中国建筑师们凭借其强烈的民族个性，创造了一系列具有鲜明民族特色的建筑与室内设计，例如南京中山陵，吕彦直所设计的广州中山堂，中山陵，都以八边形藻井及梁栋彩画为其内部装饰，而中山堂内部则以中国传统色彩为主，色彩艳丽，富丽堂皇，受到欧美建筑与装修潮流的冲击，形成了一种融合中西文化的"折中"设计模式。例如，陆谦为上海中国银行所作的内部装修，采用中国传统的工艺方法及装潢的元素，使其达到东西方文化交融、亦中亦西、互为补充的效果。在20世纪前半期，许多当代建筑在内部装饰方面对西方的环境艺术进行借鉴，并且在这方面已经取得国际领先的成就。

伴随着改革开放，以及全国范围内的大型建设，不仅是高档宾馆、饭店、写字楼的建设和装修，就连大型商场和一般商店也都进入装修的大潮。在我国城市快速发展的背景下，房屋内部装饰已逐步成为城市装饰设计的主体。所以，当室内设计从公众场合进入到人们的日常生活中时，它不但大大拓展了人们的设计视野，而且也让人们在其中感受到了一种艺术的价值和美感。可以说，在所有的艺术与设计中，室内设计是触及范围最为广泛和触及人群最多的一门学科。环境艺术教育已经变成一种从根本上改变人们生活环境、快速提高人们生活品质的一种主要途径，有更多的人开始学习环境艺术专业。

我们都知道，20世纪末是中国现代室内设计专业教育的起点。首先，为了扩大学科范围，在中央工艺美院开设了一个室内装潢学系，并将其改名为"环境艺术与设计"，同时，同济大学与重庆建筑工程学院也开设了一个室内装潢学系。目前，国内开设该学科的大专院校已经超过百所，这一学科的发展也达到了前所未有的高度，培养出的人才越来越多。中国的高校环境艺术设计学科具有两个显著的特征：一是具有广阔的发展前景；二是它的发展时间短，底子薄。经过二十几年的快速发展，尽管出现了一大群杰出的设计师，但是由于受到利润的驱动，又有大批外行进入这个行业，造成这个行业的良莠不齐，很多设计还处在剽窃仿造的状态，特别是对港、台、日本、欧美等国家，甚至不顾功能，不顾场合，盲目复制。有些设计师为了满足客户的粗劣需求，为了追求一己私利，采用了一些劣质材料，甚至是一些粗制滥造的产品；有些建筑材料只注重奢华和高端，而缺乏实用的设计。与世界上的环境艺术设计发展比较起来，我们仍处在起步阶段，因此，当前最重要的问题就是要大力发展环境艺术教育，以培养出更多更好的设计人才，并对现有的设计人员素质进行更深层次的提升，这也是当前教育的基本目的。

当前，环境艺术就是围绕着现代化的需要，对旧的市区进行改造，让其能够适应现代人的新需要。但是，要维持旧城市的规模，旧的模样，其中包含了旧建筑的模样以及它们之间的相互影响，要将旧城市的整体的模样保存下来，并给予其新的功能，从而达到新的功能要求。把欧美国家的艺术教育与环保有机地融合在一起，探讨一种兼具环保与可开发潜能的环保教学方式，是一种极具前途的教学方式。

（二）环境艺术设计教育层面

无论从实际角度，或者从理论角度来看，"新"和"旧"的问题都是环境艺术教学中非常受重视的问题，追求"新"也成为了设计思想"卖点"之一。在大部分的设计界，追求"新"才是最重要的。要想中国的新繁荣，必须要有一个"新"字，必须有一个"现代化"的意，它的深层次含义实际上就是"国际化"。事实常常是，在西方，在东方，因为中间有一条河流。唯一缺少的，就是一座桥梁。由此得出的结果，完全不同，其严重程度，并不比盲人摸象少。在我们的生命阅历中，世间万物和它们的变化规律，大多都是如此。

在环境艺术设计领域，"技术化"的教学思想已严重制约设计的发展，随着经济的快速发展，人们对新的生活方式的需求越来越强烈，设计师们被工作所累，或者只是对顾客的普遍需求达到满意，中国现代设计长期停留在一个较低的层次上。与此相适应的是，现代设计教育的目的是为了培育符合社会需求的专门人才。由于中国的环境艺术过于贴近市场，缺少理想和创造性，使得中国最具生命力的环境艺术设计陷入停滞状态。将环境艺术设计教育的基本理念与"设计"这一理念相融合，把宽广的人文科学引入到设计教育中去，使环境艺术教育工作者变成一个健全的人，从而培育出对当今和将来有用的设计人才。

二、中外现代环境艺术教育趋势

教育的目的在于为经济建设与社会发展输送所需的专门人才,因此,我们要建立一个以学生为中心的教学体制,从艺术与设计教学体制的各个方面来进行新世纪高等教育的改革。要把握好这一契机,在全产业链条上寻求突破,提升艺术创作与制作的整体水准。一个行业的发展,最重要的是要有足够的人才,而要有足够的人才,就必须有足够的教育。为中国的环保艺术在不断走向世界的过程中建立起一个不断更新的活力的基础。推动专业与教学的发展,为学生走向社会,展示自我,提升社会影响力提供一个良好的舞台。通过一系列学术论坛,大型竞赛,大师展示等形式,向世人展示中国环境与设计的成就,并向中国介绍国际上先进的环境艺术设计及教学方法。通过展览和比赛,让学生们更好地与市场接轨,将中西文化与流行相结合,从而推动我们国家的环境艺术教学,提升学生们的设计能力和竞争力,挖掘并推介优秀的人才。发表各种不同的专业方向的作品集,向家长、学校、企业以及社会上的所有人展现自己的才能,在这样的压力和动机的双重影响下,大大激发学生对创新和学习的热情,并能创作出出色的作品。

在教学体制上,可以采取学分制度;在选择专业,选择课程,选择教师等问题上,让他们自己当"上帝",让他们可以选择自己想要学习的专业,学习自己想要学习的专业。此举在使广大师生受益的同时,也对我国高校的教学理念、教学环境产生极大的影响。"学科淘汰制"的推行,给广大师生带来很大的冲击,也给学校的各个专业带来很好的"警示"与推动。采取"以学生为本"的教学质量评定制度,让学生在各学科中,对任教教师的教学态度和教学质量进行评定,不及格的教师,两年之内不得晋升,情节严重者,必须在规定的时间里,被调走。这样的评估机制,使得高校的教育质量管理不再只是一种形式,而成为一种实实在在的促进。已经初步构成科研与科学之间的密切联系,以为学科服务的理念为基础,按照功能研究、人体工学、博物馆建设、市场营销等方面对教师展开计划,每个团队由学科领军人物和中青年合并的团员形式,构成一个科研小组。科学就是要有创造力,要重视对学生创造力的培养,要不断地在环境艺术设计教学中进行改革。

利用世界上最先进的教学思想,来推动传统教学体制的革新,用科技和文明的发展来提升教学和文化的水平,来整体地提高人才的培养水平,来推动一个新时代的素质教育,来为中国的环境艺术教学树立一个新的形象。以国际和市场为导向的教学方式,建立一个可持续发展的可再生人才的培养基地,使中国的环境艺术走向品牌之道。

三、中外环境艺术教育新理念

中国与国外的新的环境艺术教学观念不同。中西环境艺术教育理念、形式、成果之比较，不是中国学生和外国学生之间的比较，这是中国教师和国外教师在进行环境艺术教育时出现的一种现象，它涉及到的是在理念、观念、方式、形式等方面的不同。不了解学生的年龄、心理等特征，压抑学生的形象思维、想象力、创造力等，以非艺术技巧（中国传统的模仿）与非艺术设计的理论体系为基础的非艺术设计的环境艺术教学，已无法满足社会发展对高质量的要求。所以，学生只能被动地、盲目地再现，而没有多少可以自由地施展的空间，更重要的是，他们失去了进行形象思维、创造与审美的空间。在课堂上，不应该仅仅是在黑板上，学生的眼睛，学生用手去将样板设计出来。虽然这种拷贝、克隆的技术在持续地得到提升，但这种没有心的参与，仅仅是一个从眼到手的过程，它不能将学生的想法和情绪都传达出来，它只是一个流于形式的过程。新时代的环境艺术教学，其重点在于对学生创新能力的开发。"创"指的是突破传统，"造"指的是通过突破传统而创造出新事物。因此，复制式教育远远不能适应人才培养的要求。

在教育过程中，环境艺术老师要重视异乎寻常的问题和异乎寻常的点子，要让同学看到自己的点子有多宝贵，要主动为学生创造机遇，并加以确认。教师应为学生的实践或研究，创造一个不受外在评判影响的宽松的氛围。教师要切实地改变自己的教育理念，正确地理解"自我发展"与"灌注式""放任式"和"参与式"的本质差别。教师应该明白，在教学生如何学习这个问题上，最重要的是要掌握好积极的态度与消极被动的态度，清醒自觉与盲目迷茫的态度，科学有效的态度与低产的态度。如何引导着学生独立地学习，教师要站好自己的位置，扮演好自己的角色，立位，就是教师要立于"侧位"，在旁边引导，而不能立于前面，"以教代替学、以提问代替学、以拉代替学"，这属于"越位"；也别在"后位"上和学生一起奔跑，这属于"不到位"。要在场上"守位不失位，补位"，并对指导的"度"进行科学的掌握。教师要具备良好的培养学生勇于坚持自己的自发性与原创性的意识和能力，不能只是单纯地去喂养或让学生形成等你喂养的意识。在教学中，我们不应该按照"统一标准"来要求，而应该在艺术设计中，加强想象力，个性品质，艺术创造力，民主性，人文主义精神，增强他们的自信，使他们能够更好地应对社会变化。在此基础上，提出一种新的教学理念，并对其进行系统的研究。我们可以从下列领域着手：

第一，要为环境艺术设计同学营造一个轻松的学习气氛。教学内容的设置与考核应该以多元化为主，而非单一化。

第二，拓宽选择课程的内容，推行多元文化的教学观念，加强与人文科技课程的结合，注重与其它学科的相互影响与联系，与新的学科，新的文化，新的地区，新的历史，新的生活联系起来。加强环境艺术教育培养全民创新意识。

第三，为了使中国环境艺术教育能够跟上国际环境艺术教育的发展速度，应该从强化环境艺术教育的理论和实践出发，促进环境艺术教育在校际、域际和国际上的研究结果的交换，以实现加速我国环境艺术教育研究发展速度的目标。

第四，注重工业设计与社会发展之间的关系，拓展其内涵与表达方式，形成与终身学习、信息化社会相适应的多样化的环境艺术教学目的。

第五，要注重对学生进行跨文化人文主义素养的培养。因为每一个人在出生之后，所受到的文化熏陶对他产生了至关重要的作用，所以，每一个人都是其母文化的产物。在这个过程中，每个人应该逐步地将自己的眼界和心胸进行拓宽，养成一种尊重自己、尊重他人的心态，可以用文化的观点，将世界上所有大小新旧文化都一视同仁地对待，更加注重跨文化的人文素质教育。

第六，实行开放教育。在高新技术工业区设立环境艺术设计中心．该设计机构的职责是：主办展会、建立设计奖项、策划设计报道、组织设计学术会议、出版设计专著和杂志，以及雇佣相关的公司来进行技术方面的教育。唯有如此，我们才能在教育上始终走在前列。同时，与周边建筑规划、房地产等部门建立密切的关系，从而更好地把握住时代的发展趋势，更好地为社会提供高素质的人才。让学生到企业进行长时期的实践，让学生有针对性地选择项目，并让学生在环境艺术设计中和管理工程专业的学生进行合作。在相互合作中，对企业的具体运行中的消费者做出的调整有充分的认识，对市场进行分析，对产品进行定位，对产品开发设计，对市场营销中的每个环节都要进行充分的理解，这样才能在市场上的商业竞争中，最大限度地取得胜利。

在当代教育学科间的相互渗透越来越广，在对基本学科进行更深层次的探讨，新的学科，在不断的出现……所有这些，都向教师抛出了一个十分清晰的问题，知识的更新，越来越快！教师只有树立终身学习和终身教育的观念，持续学习，要用自己一生的精力去传授知识给学生，让他们成为下一代的优秀"二传手"。教师既是知识技能的传承者，又是健全的个性的塑造者，是激发和培养学生创造力的人。应当鼓励学生对环境艺术的热爱，启蒙他们的好奇心，提高他们的智慧与创意想象力，在充实他们的精神生活的基础上，提高他们的美学素养，使他们成为一个多面性的人才。

第三章 环境艺术设计教学实践的现状及问题

第一节 环境艺术设计专业的人才现状及需求

一、环境设计概念

（一）环境设计的缘起

在我们的日常生活中，我们称环境设计为"环境艺术设计"。尽管从远古时代开始，环境设计就一直和人们的日常生活联系在一起。在二十世纪七十年代，阿森纳在其著作《西方现代艺术史——绘画、雕塑、建筑》中提出，环境艺术是一种"模拟自然"的艺术，它是一种将各种建筑组合在一起，通过绘画、概念雕塑、视觉表现、运动和灯光等手段，使其与都市的背景融为一体，成为一种"情景的蒙太奇"。

因此，"环境艺术"最初是西方现代性艺术中的一种，它将艺术创作和环境场所结合在一起。同时，中国的环境艺术也是应了经济发展与社会生态问题的需要，提出一种全新的理论，即在室内和室外的整体环境中，以专业的方式来进行设计和艺术的活动。

1986年，中央工艺艺术学院室内设计系主任张绮引入了"环境艺术设计综合设计体系"这一全新的理念，旨在改变目前室内设计专业领域相对落后的现状，扩大学生的知识面，健全学生的知识结构，以便更好地适应当今社会对学生的需要。在1988年，中央工艺美院的室内设计专业被更名为"环境艺术设计专业"。同济大学，重庆大学，以及其他一些大学，开始第一个实验基地的建立，这也意味着，我们国家开始了对这个学科发展的新阶段。

（二）从"环境艺术设计"到"环境设计"

环境艺术设计是一门新兴的、以人类居住环境为主要对象的学科，它所牵扯到的专业学科十分广泛，所以在这个专业中，关于它的概念存在着许多的行业模糊区域，还存在着许多的专业争论，对它的界定也存在着许多的解读。

在专业教育家看来，"环境艺术"并非"环境"与"艺术"的任意结合，而是人们生活在其中的"微观"与"宏观"的"环境"的有机结合。它是将城市建筑、园林景观雕塑、环境设施以及经过仔细设计而构成的一个有机整体，它是一种具备复合型的特定工程，它更是一种美化环境、创造美好生活空间、引导人与人之间的互动行为的场所的设计。

在建筑学者看来，环境艺术并非是"工艺、艺术、艺术"的单纯堆积与重叠，更应该在视觉艺术与实际艺术之间进行平衡，使之变成一种艺术资讯的载体。它应涵盖环境科学、环境艺术、环境生态学等多个领域，充分利用环境艺术的生态功能，利用环境艺术的审美功能。掌握了境艺术设计的实质，即环境的艺术化和艺术的环境化，充分地发挥它作为社会总体关系中的艺术生产中间层的作用。

总之，人们对环境艺术有不同的认识，但是从本质上讲，它是一门营造人与地方和谐相处的艺术。环境设计的领域总是以人们的生活为中心，它的设计内涵也会因应时代的发展而改变，在特定的时期中，设计的内容也会在时代的发展中进行扩展和调整，以适应社会的需要。在现实生活中，人们对环境的不顾一切的"征服"和当代的"设计"的种种缺陷，促使"环境设计理论"的产生和发展。20世纪60年代以来，西方建筑师和城市建筑师逐步意识到，在人类活动中，两者是一种具有不同尺度、不同层次、不同功能的人造的环境设计，二者是一种完整的、和谐的、统一的关系。美国学者理查德·多伯曾说过，"就其本身而言，环境艺术就是一门超越了建筑学范畴、超越了计划内涵、超越了工程学范畴的一门艺术。"它是一种比任何传统的思考都更具实用性的艺术，它与人类的功能密切相关，它给我们周围的东西带来了一种视觉上的秩序，同时也增强我们所具有的范围意识。"

所以，作为人类居住空间开发的一种全新的方法，环境设计是建筑设计、园林设计和城市规划设计在城市开发进程中互相渗透、互相作用而形成的一种综合性设计理念，是一种注重"系统"和"关系"的动态性设计形态。当今的环境艺术设计对职业的需要日益繁复，随着职业需要和知识扩展的发展，"环境设计"一词对该职业的特征和含义有了更为清晰的描述。

二、专业培养目标

由于环境的关联性，使得它具有很强的综合性。目前，环境设计的基本内容包括了：对建筑的内部空间进行设计，并对建筑的外部空间进行总体规划和形态设计，目的在于为公众创造出一种既能给人以视觉美学利益，又能给人带来良好生活体验的环境空间。

所以，在进行专业学习的时候，学生应该先建立一个这样的学习观念，那就是：环境艺术设计并不一定要有一定的美学和哲学基础作为支持，还要对有关学科的知识要点都进行一定程度的涉猎。

首先，要对自己的学科有一个全面的认识，在此基础上，我要学习美学，哲学，社会学等人文学科，这样才能不断地提升自己的文化素养，培养自己的审美意识，形成一种科学的审美观念。

其次，由于环境设计关系到人类生存的空间，既关系到城市的可持续发展，又要考虑到当地的民族特色、生态发展、地域文化等，因此，环境设计专业必须要符合上述的条件，培养高素质的复合型人才。在进行教育和学习的过程中，不但要对可持续发展的设计理念进行统筹使用，还要将专业知识与人类生活相结合，要善于观察、分析与总结，找到可以均衡生活需求的关系。

第三，由于该课程的教学内容与可持续发展密切相关，因此，仅仅对该课程的基本内容有一定的了解是远远不够的。要熟练掌握城市规划、公共设施设计、景观园林设计等方面的相关理论，并在学习过程中对各个学科的技能进行提高，设计出集艺术和功能于一体的综合性环境工程。

最终，在实践中，要在某种程度上理解造型的创造和设计的表达，并熟悉环境设计的专业理论以及有关的制图、设计技能，并考虑到材质、色彩等各方面的影响，采取各种创造性、优化的设计方式，将理性的设计与感性的创新相结合，实现理论与实践的有机融合，从而参加一个完善的环境设计的工程项目。

环境设计是一个既有建筑设计，又有城市规划的课程。此外，它所涉及的专业还包括绘画，雕塑，心理学，植物学，人体工程学，装饰材料，灯光照明，生态学等。由于各个院校之间存在着各自的办学取向，因此对学科建设的重视程度也不尽相同。但是其终极目的都是为了使学生能够灵活地应用所学知识，从事建筑、工作，解决在设计过程中遇到的实际问题，为社会现代化的建设提供帮助。

三、环境设计教育的特点

环境设计教育是在 20 世纪 80 年代以来，对中国现代艺术设计教育进行发展和扩张。已经进入了快速发展阶段，由于生态遭到破坏，人类居住空间的日益错综复杂，环境设计的学科范围也在逐渐扩大。环境设计已经不再是一门单一的学科，它是一门综合性的专业，它既是一门与环境生态学，也是一门与环境生态学和行为心理学相结合的学科。其特征是：学科边缘性，行业综合性，实施协同性。在实际运用方面，环境设计更类似于一个艺术设计的宏观统筹指导体系，它的设计内容包括自然生态与人文环境的多个方面，而环境设计教育以及它所需要的人才的培育方式，会对人们的居住关系以及城市建设的发展产生直接的影响。

"宽口径，厚基础，强能力，复合型"是环境设计专业的教学宗旨，也是环境设计专业人员的培养趋势。由于其本身具有高度综合性、广泛性、多层面复合性的特征。身为环境设计专业的学生，在学习过程中要对一系列的能力进行培养。例如，在对城市景观进行规划的时候，除要对环境美学中的视觉表现能力、空间环境的形态特点进行深入的分析之外，还要对环境工程学、景观的生态价值进行全面的思量，也就是对周边居民的生活环境品质产生影响。这是一个总体、全面的项目。

在本质上，环境设计专业所要培育的正是一专多能的专业人才，所以需要构建一套完整的专业框架，强化基础教育的基础，开设一门专门的通识课程，使学生具备坚实的专业知识和设计技能，只有在这种情况下，他们才可以按照自己的专业特点和兴趣，自由地选择自己想要的发展方向，从而达到对环境设计人才需求的目的，见图3-1。

图3-1 某美院对教学大纲与课程修订的场景

四、环境设计人才现状及其需求

（一）环境设计缺乏职业化人才

在中国，在2021年度，约有一千七百万名设计人员，其中，室内设计人员约占总人数的20%，约有三百四十万名。像上海，深圳，广州这样的一流大城市，都出现了对设计师的短缺，由此可以看出，在其它大城市中，想要达到自己的需求，难度会更大。尽管我们的环境设计教育已经发展了20多年，也已经培养出数十万名的专业毕业生，但是，在现实生活中，能够在环境中工作的专业人士并不多，而能够在这方面有很高造诣的设计师更是凤毛麟角。这主要是由于社会主流就业情况的价值观念所导致的，设计艺术市场对设计方向的关注较低，设计方向的就业环境较差，使得设计人员缺少专业的支撑。

（二）环境设计水平不高

但是，目前我国高校的环境艺术教育系统还处于不均衡状态，导致不同院校之间的专业培养出现较大差异。教师队伍结构不合理，教学资源不足，造成教学质量不高；与此同时，对设计市场、教育理念、新兴技术都不够重视，也不够敏锐，也不能将其与可持续发展联系起来，因此，学生们的眼光很低，设计意识很弱，设计的方式也很落后，设计项目不能真正达到艺术与技术的融合和完美，最重要的是，他们没有任何的创新思维，只是照搬照套、拿来主义，这样的设计结果当然是显而易见的。

（三）环境设计人才的素养良莠不齐

而环境设计则是一种将思想和技巧结合起来的艺术。所以在设计中，除了要学会设计方法和动手能力外，还要加强对设计人员的文化和艺术素质的训练。因为我们国家艺术教育的文化水平比较低，再加上艺术通识教育的不健全，所以我们国家的许多环境设计师的专业素质都比较差，这导致我们设计出来的许多产品，不仅没有审美的眼光，也没有实际的应用价值，只是成为了一种毫无意义的装饰品，更不可能去追求它所具有的艺术性。在城市的环境营造过程中，尽管也有采纳和引用一些国外的优秀设计，但是这些设计并没有将其纳入到当时的社会环境中去，而是对其进行一种生硬的移植，并没有将其与地区的文化特点相融合，从而导致环境设计的人文内涵的缺失。

（四）与国际环境设计的整体水平差距较大

环境设计专业最初就是从国外的有关专业和国内的设计市场的结合而来，所以，相对于发达国家来说，其设计教育体制比较完善，有比较丰富的实践经验，其相关专业的发展比较先进，也比较高。尽管我们的环境设计专业在发展中，但在教学理念、设计形式、设计方法等方面，往往都是对外国的一种盲目模仿，没有与自己的需要相结合，寻找自己的特点。在职业发展方面，哪一种教育方式最为合适？哪些是市场需求与关心的热门设计？对于以上问题，我们必须加以深思和探讨，此外，还要加强对文化和哲学等方面的研究，把设计与整体环境形态和居民的文化特征结合在一起，这样，我们就可以为环境设计赋予自己的特点。

（五）环境设计作品缺乏时代与文化精神

由于现代设计的单一性，使得许多毫无意义的设计被摆在了任意的地方。而现代主义则成为了没有灵魂和根源的最好理由。环境设计与人居生活和环境质量有着密切的联系，没有结合国情的发展、时代的背景和社会文化的特征来进行设计，这样的环境设计就不会成为一种"以人为本"的环境设计，它对环境的影响很小，甚至会成为一种障碍。只有国家的，才是世界性的，我们生活的这个环境和空间都是带有一定的时代性的，每个时期都会给它带来不同的容颜，而城市的发展也是一个对历史传统进行传承和发扬的进程。艺术设计并非一个单独的、单独的东西，它必须和时间和空间环境相互作用，并伴随着文化的继承和时间的变迁。文化和艺术是一种相互映照的关系，只有在不同的文化和不同的时间里，不断的碰撞和融合，才能使艺术和设计焕发出勃勃生机。中国五千年的历史，蕴藏着大量的优秀文化资源。而环境设计是一个与人们的生存空间关系最紧密的行业，它的一项重要的社会任务就是在设计过程中，对传统的文化进行传承和发展，这是一个不容忽视的任务。它必须立足于传统和国家，在此基础上，进行符合城市精神和人文需要的设计，这样，它就可以将物理空间与精神场所完美地结合起来，从而为人类营造出一个真正的以人为中心的居住环境，同时，环境设计也可以发挥出它在城市发展、人居关系协调中的重要作用。

第二节　环境艺术设计专业存在的教学困境

一、课程体系没有特色，缺乏可持续优化

在环境设计专业的教育中，并没有一个固定的课程参考，除了像室内设计、景观设计这样的核心课程之外，许多开设了环境设计的普通高等学校，都会按照自己的办学情况以及教师的结构来设置，但是这些课程的质量参差不齐，而且许多专业教师对自己所负责的科目也仅仅是一知半解。环境设计是与社会和时代发展联系最密切的一个领域，环境生态和市场需求一直在不断地发生着改变和发展，但是，由于课程内容过于陈旧，不重视对新的材质和新的技术的学习，往往造成学生在学习上的落后，课程与市场的脱节，课程与社会的联系不密切，缺少对设计的市场性、功能性和时代性的考虑，使得课程不可能达到与市场相匹配的可持续的最佳效果。与此同时，从发展的观点出发，需要学习和吸取其他国家的优秀和有用的设计经验，然而，由于每个国

家所处的社会，政治，经济，文化背景的差异，其设计教育的发展方式也不尽相同。同时，我们的环境艺术专业还应该寻找一种既符合中国国情，又符合中国的市场发展趋势，还能体现出各校的特色和中国特色的培养方式。

二、基础教学彼此分离，难以支撑专业深化

在设计通识课程上，没有达到通识课程的有机整合，基础课与其它专业课的教学看似是并行的，又是相互独立的，这就导致基础课与基础课、基础课与专业课之间的"各自为政"。在环境设计这门学科的知识结构中，基础教学存在着支撑多个专业的问题，需要更高的"大基础"的平台，而目前许多大学的专业基础课程的教学计划和教学大纲，都是基于自身的传统的思考模式和规律特征，在教学中仅关注一门学科的教学方法。缺少与其他基础课程及后续专业教学之间的良好交流，最终往往会造成基础和专业之间不能形成有效的联系，很难为后续的专业深化阶段提供更好的基础支持，无论是课程安排还是课程结构都不能满足学科关系所需要的知识串联。

"造型"与"设计"基础的脱节是当前设计界普遍存在的问题。从传统的角度来讲，基础的造型教学内容以素描、色彩和素写为主，其最初的目标是培养学生的作画和观察能力。一般情况下，环境设计专业的造型基础课都会被设置在大学的第一个学年，它的目的是从考前的传统绘画学习到专业学习的过渡阶段，因此，它不仅是对学生的绘画基本技能进行一个复习和提升的过程，还是一门进行其他课程的专业预备教育和先导课程。但是，许多设计专业的造型基础课仅仅是从传统的绘画教学的形式开始，它虽然沿用了纯粹的艺术专业的授课方式，但是却无法达到绘画类专业所要求的培训强度，这种情况下，除了让人感到为难之外，还造成教学目标不清晰。在本课程中，只有简单的图画练习，与基本的设计知识和环境设计毫无关联。这样的基本教育太简单粗暴，对学生的学习和职业的价值并不大。

所以，在环境设计这一学科，传统的基础课教学显得太过狭窄，我们必须要突破专业的界限，将基础课进行有效的整合，与此同时，各个专业的教师也要了解到环境设计专业的特征，相互间进行交流，并针对不同的专业特征进行针对性的授课。要做到课程结构的整体规划，提高课程的针对性，就可以使专业的基本教育得到切实的改善，使其更有效更实用。

三、设计思维的培养欠缺，培养目的不清晰

创造思维和逻辑思维是评价一个设计师是否出色的主要指标。目前，我国的环境设计专业还没有形成一个系统的、完整的理论学习系统，在教育过程中，更多地侧重于计算机绘图和工程操作等方面的实际运用能力的训练；但是，在拓展设计思维、运

用设计方法等方面的投资却十分有限，例如，设计方法学、市场调研、建筑思考等，很少能够指导学生展开设计思考，同时也很缺少相应的设计研究与实践经验，只有很少几所大学才会开设这一类型的课程。此外，有些大学，即便是开设了思维培养的有关课程，对它们的关注程度和教育投入程度也很低，教师不会给予足够的关注，学生就会更没有学习的觉悟，导致设计作品缺少思维和创造力，从而失去对环境艺术整体设计理念的表达。目前，高校学生在创作创意上的不足，使得学生在创作上难以取得较高的艺术性和技术性。由于它仅仅注重形式的训练，没有专业特色的创新理念，因此，在学科教学中，有关设计的创造性思维训练课程十分匮乏，缺少对逻辑思维的训练，忽略艺术理念的引导在实际工作中的重要性。环境设计不仅是一门人文艺术的学科，它是一门集科技、逻辑演绎和艺术形象为一体的学科，所以，在这门学科中，对设计思维的训练尤为重要。在当前许多大学的课程体系中，对于环境设计究竟是要培养一名设计师，而不是一名画师，这一点很难回答。

四、文化综合素养缺失

从作品的角度来看，一件好的作品设计不仅要满足人们的日常生活需要，而且还要体现出一种独特的艺术美感，体现出一种独特的文化精神。环境设计是一种对人类生存和发展过程进行整体的计划，必须要充分考虑设计对象所处的文化环境和地理环境。这就需要设计者在设计时能做到因地制宜，以人为本，同时还要有一定的人文素质。而许多具有不健全的专业教育体系的学校，所培养出来的学生，因为在基本的学习阶段，缺少对其进行的文化素质的培养和认识，所以在方案的训练和实际工作中，都相对缺少一些设计品味和文化内涵，在今后的职业发展中，也难以取得某种程度的设计水平。因此，美学知识，相关哲学理论，文化历史概论，生态学等在环境设计基本课程中是不容忽视的。与此同时，在进行实际培训的过程中，应该更多地指导学生，对其所处的相关历史背景、地域人文展开深入的调查和认识，将物质和精神两个方面的知识结合起来，来认识和理解环境，用对设计的合理认识来强化自己的感性创造，从而使自己能够创造出具有一定的文化价值的设计作品。

五、教学实践缺乏职业化指导

人们对生活的美学和文化的追求，使人们对生活环境的需要越来越高。由于环境设计是一项动态性的工作，因此它的客户要求也是时时刻刻都在改变的。随着现代社会对艺术鉴赏力的日益增强，对艺术人才的素质和能力的要求也越来越高，这就为环境设计教育提出了新的课题。从市场需求的观点来看，对设计行业的专业人才的需求量有明显的增长。同时，环境设计的内容也变得越来越广泛和复杂，这对设计人才的专业素养及实践能力的要求也变得越来越高。

当前，我国的环境艺术设计教育已很难满足社会对其所要求的职业水准，而且还出现职业认同下降的现象。究其根源，是由于目前，在我们一些大学的环境设计教育中，存在着显著的专业知识滞后现象，教学计划跟不上了市场的发展速度，这就造成环境设计教育与设计市场的冲突日益显现，项目培训与现实工程存在着太多的差别，学生们缺少实践的应用技能，人才的适应性较弱。在现实工作中，如果不能有效地解决设计问题，就会导致设计者与设计市场发生断裂，从而不能达到社会的需求。

所以，只要大学生能够在离开学校之后，能够与社会相适应，就是一个好的职业教育。环境设计教学也不例外，它应从市场的需求出发，将专业教学与市场的需要结合起来，以培养学生在专业理论和实践操作上的全面发展。唯有如此，才能为社会提供更多的专业人才，促进教育质量的提升。

第三节　环境艺术设计专业基础教学的重要性

一、环境设计专业基础教学的特点

在设计教育中，基本教育的功能就像是建筑的根基，植物的土壤一样，是最基本也是最重要的一环。设计的基本原理，即设计专业的共同特点与必备技巧，对今后的设计创作的高度与广度有着重要的作用，是艺术设计发挥创作价值的前提与重要因素。基础设计课程是从包豪斯三大基本要素中衍生出来的，也是从艺术教育中衍生出来的，一直延续到现在。在这个发展的过程中，对设计专业进行深入的探索和对市场的要求越来越高的情况下，传统的组成与建模的基本原理已经无法为这个具有浩瀚知识体系的设计分支提供完整的理论和技术支撑。要做到这一点，就必须建立一种既要适应市场规律，又要跟上时代潮流的基本教学方式，这样就可以使设计教学得以永续发展，使设计教育既要保持时代的特色，又要保持科学的特色，更要有实际的指导作用。

设计基础教学是专业教学早期的一个预备与辅助时期，在课程结构上，一定要能够适应后续设计教学的发展。在此环节中，讲授内容的连续性和合理性就显得尤为重要。基本功与基本功应紧密结合，防止重复输入。在进行教学时，设计基础应该能够更好地为专业设计提供帮助，设置具有较强针对性和较大扩展面的课程，使学生能够将基本的理论融会贯通，并将其运用到今后的职业设计中。

由于环境设计专业自身复合型的学科特征，其内容丰富，学科结构错综复杂，因此，对基础教学的要求更复杂，更多面。基础课的内容需要具有广泛的领域和技能，在教学过程中，应当思考怎样将专业综合基础课程与多方向专业设计课程实现相融合，并将专业设计的意识融入到整个基础教学的过程中。要使基础课程和专业课程之间形成有效的联系，必须要把握好每一门主要课程的知识交汇点和共性的方法，并且从表面到深层地构建起一个大的基础平台，形成一个递进有序的知识连接。

二、基础课程在环境设计教学中的重要性

在基础设施的环境设计学，其基础是"宽平台厚基础"的，基础教学的完备程度和合理性将直接关系到后续的专业深化。它的重要作用是指对设计意识、设计方法和设计语言三个方面进行指导和培养。

首先要树立起一种"设计"的观念。环境设计指的是对居住环境的总体规划，所以它并不只是对某一种环境问题进行表面的分析，它更多的是把各种不同的艺术集中到一个共同的空间里，进行综合和协调。它的设计客体是一种不断变化的、既有时间流动又有空间相对性的场地形式。因此，在基础课程中，要树立总体的环境观念，并进行综合的设计思考，就显得尤为重要。设计是一种创新活动，它的设计意识和思维直接影响到设计的表现。在环境设计专业的基础教育过程中，一定要让学生培养出良好的整体设计意识，对环境设计的规律有更深的理解。

其次，提出一种设计方式。环境设计专业涵盖很多的设计方向，所以在基础阶段要培养学生形成观察、分析、理解、再思考等一系列的设计方式。而人文地理学又具有差别，不可能有万能式的设计方式能够包罗万象。因此，在环境设计的基本课程中，我们采用的是一种设计方式，它实际上是一种对学生从理性认识到感性表现的训练。

在合理的认识中，要进行实物观察，市场调研，分析比较，最后对所要达到的目标进行梳理，并对其进行实际可行性分析，为进一步的深入研究打下基础；而情感表现是指在认识了设计客体之后，根据一般的需要，将其与创新的设计意识相联系，进行个人创作。在基本培训的过程中，通过营销实务与方法论的结合，使学生迅速了解市场，方法，创意三者之间的联系。使学生能够积极地进行思维训练，了解他们对设计问题的看法，并认识到他们应该如何参加到一项设计活动中来，使他们能够更好地发挥自己的作用。

其次，就是对设计语言的表述。有了对设计的认识，学习了设计的方式，接下来要用技术来表达设计的语言。在此，我们所说的"语音"，指的是"意象"和"科学表述"的技能。因为本专业的课程设置，所以在入学前，需要有基本的表现手法。但是，这种传统的绘画表现方式具有很强的感性和主观性，因此，在环境设计的基础上，进行

一种基于感性的、更为理性化的、概括化的设计构想，这就要求眼睛、手、脑的综合应用，而最有效的培训方式就是设计素描和速写。因为它具有工程化的特性，所以相对于单纯的作画，它要求用一种更为严格、规范化的表现手法来表现其科学性。就拿《建筑绘图》这一学科来说，作为一种精确的设计语言，是设计师和业主、施工方和业界沟通的一种手段。它的目的就是要使学生掌握一套规范而又精确的建筑作画的技巧，并使他们能够通过投影的方式去认识和表现建筑。可以看出，环境设计的表现方式有着自己的特色，如果能够将形象的表现方式和科学性的表现方式融为一体，那么在今后的设计中，构思和运用将会更加顺畅。而这种表达方式的培养，也只能从最基本的阶段出发，来提高自己的设计表达能力，培养自己的画图习惯。

第四节　环境艺术设计专业教学的现有模式

环境设计属于一门综合性的设计学科，在我国高校中，在大学的环境设计专业中，大多数都将室内设计和景观设计作为两个重要的专业方向来进行相关的课程学习。每个大学的侧重点都不尽相同，这也就造成了其教学模式的差异，在课程设置上也有着各自的特色。

一、环境艺术设计专业教学的现有模式

（一）以室内设计为主要方向的专业模式

在我国许多大学中，许多大学的环境艺术专业都是以室内设计为基础的。目前，在普通高等院校中，以室内设计为主进行教学，是最普遍的一种方式，在综合性院校中较多见到。以此方式所展开的课程，大多是为了满足室内设计的需要，或者是为了对其进行延伸，以家庭内部空间设计和公共内部空间设计为主体，学习建筑基础、家具设计、照明设计、人体工程学、装饰材料、装修工程、设计表达等与之有关的主要课程，而与景观设计及公共设施有关的课程则多作为辅助课程或选修课的形式存在。在这个教育方式中，室内设计专业课以及与之有关的软件类课程、制图类课程所占据的课程比重是最大的，它以实践性课程为主体，目的是要对学生的设计操作能力进行培养。

在这个专业的模式中，表面上完善的教学结构和课程安排使得环境设计成为了一个非常狭窄的概念，它限制了它的学科领域，没有足够的扩展性，在设计的过程中，更注重的是动手技能，而说它是动手技能，则是由于在这一过程中，忽视了对设计中

最关键的创作能力的训练，它并不是一种具有实际意义的实际技能，它与其说是在训练设计师，不如说是在训练制图工匠。

而建筑学的基本知识却没有得到足够的关注，更多的是以欣赏和理论课的形式呈现出来，而实际的课程却很少。而建筑作为室内设计、景观设计等学科的奠基人，对于其在建筑中的空间联系，以及在建筑中的运用，都具有十分重大的意义。由于忽略建筑基础，会造成学生对室内空间设计的认识十分有限，不能形成更好的立体思维能力，对空间的结构的知识知之甚少，在实际的设计过程中，经常会发生诸如不能更高效地利用空间、不能恰当地处理空间关系、不能很好地理解楼梯的空间关系、不懂得承重结构等，这些问题往往会限制设计能力的发挥。

（二）多专业方向发展的专业模式

多专业发展的环境设计专业模式普遍存在于艺术院校的设计教学中，目前也有一些综合性高校采用多以丰富的通识教育为支持基础，为学生建立起一个完善的综合知识体系。在此过程中，学生可以拓展自己的专业视野，对自己的专业构成有更深层次的认识，之后，再从对自己的知识的全面化过渡到对自己的专业的精细化，让自己拥有更多的专业方向和就业方向。还有两个基本的类别 - 平衡类和专业类。

1. 平衡类

平衡类型主要出现在一些综合性大学中，从环境设计专业广泛的知识特征入手，对有关的学科进行全方位的研究。更多地将室内和景观作为自己的核心科目，并将它们向周围的空间进行辐射，从而建立起一个强有力的学科支持系统，在对自己的核心科目进行强化的时候，还可以对自己在环境设计体系中的其他次核心科目进行充分的考虑。从就业形式上来观察，除了核心学科方向，学生还可以以自己的专业兴趣和专业优势为依据，选择次核心拓展学科方向，比如照明设计、展览展示设计、家具设计、城市规划等。

平衡类在大一、大二的基础教育环节中，多以技能型课程、边缘学科课程为主要内容，为大三大四的专业学习提供了理论与技术支持。本课程的优点是对环境设计内涵有较为透彻的了解，并将各种专业的相关知识进行整合，从而可以培育出综合素质较高的环境设计人才。但是，在这一过程中，也对专业课程的设置、教学设计以及教师专业的领域结构都有更高的要求，要想让专业教学内容广泛而不是泛滥成灾，要想有点睛之笔是很难掌握的。平衡类中的次核心学科，往往会出现多而不精的情况，但是，这也是伴随平衡优势难以回避的一点，也正是因为这个原因，在平衡类教学中，建设基础薄弱也是一个共同的问题。

2. 专业类

在专业艺术学院和一些综合性高校的建筑学院中，"专业类"是一种比较常见的教育方式，它的学制大多是 5 年，特别注重对设计思路和设计方法的培训，与其它模式相比，它的设计创意能力更加明显。更多地将建筑作为自己的专业发展的依据，在学生中进行一些相关的设计方面的知识培训，并且使用一个工作室系统，来提升学生的学习能力。

专业类与欧美等发达国家的课程体系相适应，将环境艺术设计课程划分为"综合基本功"和"有针对性的专业拓展"两大类。其中，以建筑基本知识为载体，将有关的环境设计的知识进行衔接与整合，加强各专业之间的交叉与互动；在专业方面，把在环境设计中的室内、景观和建筑分离出来，然后再展开有针对性的专业培训，同时还与工作室系统相结合，以提高自己的专业性和实际操作的能力。

专业类以建筑学为基础开展专业教学，充实建筑和环境设计专业的人才结构。在基础教育中，建筑已经变成了一个核心的关键词，在这样的教育方式下，可以对学生的专业基础和审美能力进行良好的提升。

二、环艺设计教学新模型的意义和定位

（一）环境艺术设计教学新模型的意义

与任何一门设计学科相同，环境艺术设计"它的定位、方向、特点、优势、瓶颈、盲区、作为和理由，都是必须根据时代的发展而不断定义、不断调整、不断梳理、不断寻求、不断思索的问题"。环境艺术设计是一门与时代同步发展的学科，从过去数十年的学科教育和社会发展的角度来看，我们可以得出这样一个结论："稳定只是一个相对的概念，而改变是永远的"。构建一种比较稳定的动态专业教学模型，可以为不规范的专业教学提供借鉴意义和示范，构建出一套比较稳固的专业评估系统，它将从控制论的视角对市场和教育效果进行反馈，从而为教育向市场输送高素质的专门人才，提供保障。

从目前的环境艺术设计课程的教学情况来看，相同的课程在不同的专业背景下出现了明显的差别。作为一门极具应用性的学科，其市场导向是十分清晰的，而这个清晰的导向并不会因其所依托的高校、学科的差异而有很大的变化。因此，对于当前差别很大的环境设计教育，怎样将其与市场相结合，从环境设计教育系统自身上进行深入的调查与研究，从而构建更加完善、更加合理的环境设计教学模式及控制体系，这就是我们要进行本课题的基本思路。在当前的环境设计课程中，我们所面临的问题和困境并非是我们所要探讨的，而是现实所迫使我们必须正视的。面对这些问题，对这些问题进行深入的研究，并加以解决，这是环境设计专业发展的现实需要和历史必由之路。

从微观的角度来看，这个模式能够为不健全不成体系的专业教学提供一些特定的借鉴，希望能够让专业结构的设置、配置更趋合理，从而降低人力和物力的消耗，节约教育资源，有利于培育一批跟上时代步伐，更符合市场需要，同时还具备创新精神的环境设计人才。为社会培育实用人才，是最大限度地分配和利用教育资源的方式。

从宏观角度来看，作者期望这种以模块化理论为依据的动力学模式，可以为环境设计专业的教学提供一些方法论上的借鉴，一种认识上的启发，一种切实的实验。

毋庸置疑，在这样的认识论和方法论基础上构建的新模式，可以在上述两个领域中，为环境设计的教学提供一种可行的方法。作者认为，这种认识论和方法论，将会对所有的艺术设计学下属子目录的具有与环境艺术设计专业同样性质的各种学科，都会产生同样的借鉴作用，它的重要性和影响将会远远超过本书讨论的主题和内容。

（二）环境艺术设计教学新模型的定位

这种新型的环境艺术教育模式应该是一种具有较高的开放性和动态性，并具有较强的适应性和灵活性。首先，要持续地从当前世界各国的新技术，新方法，新材料，新文化中汲取新的知识。中国作为一个发展中国家，在这种情况下，更要正视自身的不足，积极地借鉴国外的先进技术和技术，以充实我国的设计文化。其次，要以中外传统文化，特别是以中国的传统文化为长远的研究对象，传承"传统出新"、"中而新"等不变的主题。当代人类已认识到当今社会正处于从传统走向现代的过渡阶段，而这一阶段所体现出来的就是多元共存的状态。伴随着中国的经济与世界的快速发展，以及中国在世界范围内的影响力的不断提升，使得中国人开始重新审视自己的历史与文化，从自己的文化角度出发，以自己的价值观与文化自觉来表达自己的看法与观念，这是中国文化转型的关键所在。在新的时代里，以"中而新"为中国地方特色的设计艺术形式，其核心话语的出现是必然的。

而环境设计的"传统出新"的理念可以概括为：在现代性视野下的"新传统"。这并非通常所说的"传统"和"现代"的对峙，而只是从"现代"的形态来看，"传统"在"现代性"的形态建构中所起的作用。它的时代性主要体现在以下几个方面：①民族特色。每个人都有一种维护国家文化的责任感。②不拘泥形式。通过对外来文化的吸收与消化，使自身文化的内容得以充实与构建。③批判式的经过对社会历史的批判，文化的批判，对新的设计艺术进行探索与改造。④相容性.在与异质文化的碰撞、融合和包容中，创造出一种富有国家特色的新型设计文化。⑤多元文化。从以往的"中心话语"到"五光十色"的"多维"、"多维"看问题的"无中心"模式。

20世纪末期，中国美院原院长潘公凯曾经提出："与纯粹的艺术教育不同，我们的设计根本不是一个思想问题，也不是一个人的个性，而是更多的关注普遍性和世界性"。然而，广州美院童慧明教授却指出："统一化"的学校理念，有悖于强调创意特色、多元化和个性化的设计教育理念。我认为，这能否从一个问题的两个层面上来进行解释：在设计学科中，特别是在环境艺术设计中，它属于技术与艺术相融合的范畴，而在技术层面上，它并不注重个人，而是更多地注重共性、国际流通性。而艺术部门则是提倡创意特色，提倡多元化，提倡个性。此外，童教授还指出，个性特色也包含地域特色、所在区域社会与经济发展需求等因素。这两个方面都具有很强的代表性。因此，作者所构建的这种专业课教学模式，就是针对当前专业课的现状而提出的一个可供参考的专业课教学模式。在之前，作者曾在文章中着重指出，模式具有动态性和开放性，"它的定位、方向、特点、优势、瓶颈、盲区、作为和理由，都是要随着时代的发展不断定义、不断调整、不断梳理、不断寻求、不断思索的问题"。其基本要素，技术性要素，相对稳定；我们可以用一种发展的眼光，一种动态的、灵活的、个性化的眼光来看待它，从而确定其状况，这也给予了参照用户足够的回旋余地和发展个性化的空间。

作为一门跨学科的交叉学科，环境艺术设计涉及的领域非常广泛。这就要求我们在构建学科的模块时，要采取多元化的方式，要有较大的覆盖面。具有较广的专业知识，较多的观察事物，擅长从宏观的角度来理解某些现象，具有较强的创造力。从对园艺专业毕业生的调查数据可以看出这一点。

（三）建立环境艺术设计教学新模型的方法论引用

针对此问题，作者试图运用系统工程、模块等相关理论，运用辩证法、整体主义、简化主义等方法，来建构此模式。系统工程能够应用到所有大系统的各个层面，包括人类社会、生态环境、自然现象、组织管理等，是制定最优规划、实现最优管理的一种重要手段和手段。系统工程指的是将一个庞大而又复杂的系统作为一个研究对象，按照特定目标进行设计、开发、管理和控制，从而获得最佳的整体效果的理论和方法。环境艺术设计专业的教育同样属于一项系统工程，它包括各个教学段式之间的前后因果关系，各个课程模块之间的前后推论联系，专业教育和工程实践之间的适应关系，专业设计理论和专业设计教学之间的关系，专业设计教学和专业工程实践的关系，以及本专业和其他专业的学科交叉关系等，这些因素共同组成一个复杂的系统工程。将专业教育提升到一个系统工程的高度来理解，在方法上拓展一个新的职业领域，并在理论上寻找一个基础。

在具体教学模式的构建上，笔者试图借鉴"模块化"原理。在该模式下，每个教学单元都呈现出模块化的特点。"模块"是指半自我控制性质的子系统，它能够根据某种规律与其它相同的子系统进行关联，从而形成一个更为复杂的体系。

在此基础上，提出"半自律性"的教育模式。同时，由于其又受制于整个教育体系的"规则"，因而也是一个子系统。各"教学模块"按照某种"规则"相互关联。在"规则"的指引下，该课程具有较强的自主性，其"教学模块"可分为"模块拆分"与"模块集中"两种模式。从理论上讲，利用"模块拆分"和"模块集中"两种方法，可以实现无穷复杂的系统的一体化。这就是为什么教学模式各不相同的原因。

可以使用"教学模块"。在一个教育的架构中，一个教育单元是一个可以组合，可以分解，可以重复，可以更换的单元。包含有：

（1）将教学模块分开；

（2）将老的教学模块替换为新的教学模块；

（3）省略某些讲授模块；

（4）添加目前尚无的教学模块，并扩展该体系；

（5）总结多种教学模块中的共性元素，并将其组合在一起，在设计层面上构成一个新的层面。

（6）为一个教学模块创建一个"外壳"，以便其作为一个即使不在最初的设计体系中也可以运作的模块。

在"体系工程"与"整体论"这两个宏观的方法上，有了"模块论"与"还原论"这两种可在微观层面上运用的方法，我们对构建新的环境艺术教育模式有了明确的认识。

三、环境艺术设计教学模块化新模型探索

（一）环境艺术设计专业模块化教学模型结构

使用模块化理论，将整个模型一层一层地模块化，一层一层地深化、细化。根据国内、国外的环境艺术设计教学展开横向和纵向的分析，并与国内各大高校的环境艺术设计教学模式进行比较，最后得到一个研究结果：注重全局环境观的教育，要树立起全局的建筑观、景观设计观和室内设计观，利用生态美学意识，来培养"开创型、会通型、使用型"的环境艺术设计创新人才，是一种适用于 21 世纪可持续发展的现代设计教育模式。根据环境艺术设计专业的特征，与大学联合教育实施分段式的本科教学模式是有其科学根据的，加强学生的基本技能，有利于让他们得到更多的锻炼，从而提升他们的总体控制能力。强调跨学科、多技能和全视界的素质教育，从而使学生拥有扎实的专业基础，活跃的思维，开阔的学术视野，拥有较高的艺术素养和较强的设计技能的复合型人才。

探讨本科教育中的教育模式，是大学教育中一个永远不变的主题。在上述各种因素的基础上，结合作者 20 多年的从本科到硕士的学习经历、设计实践经验、工程实践经验和在高校的环境艺术设计专业的教育经验，结合博士论文开题后三年对我国该领域的专业人士的走访和搜集资料所获得的资料、直接和间接的经验，并根据作者在该领域的工程实践和教学中所耳濡目染的问题，试图找出该领域出现问题的根源，并试图用系统工程学、模块化理论、整体论、还原论为方法，构建一个环境艺术设计专业模块化教学新模式，以此为切入点。它的基本思想是：首先，以模块化理论为基

础，将整个教学系统划分为七个大模块，然后，在这七个大模块的基础上，再对更多的相关子模块进行设计，最终构建出一个完整的教学系统。在此基础上，可以对各个子模块进行添加或删除，并对其进行更新，进行升级，最后，再将各个子模块中较小的模块的逻辑关系进行分析，最终形成一个新的层级，最终形成一个每个学年的课程安排。

对模块的拆解，更新，添加，删除，归纳，为模块搭建一个"外壳"，我们称之为模块体系或模块模型。在对模块进行不断的拆解、更新、增减、归纳和构建一个模块"外壳"的过程中，使模块自身的内涵和模块内各个子模块和模块间的联系不断地改变，从而引起不断改变的教育模式，并对教育管理系统的内容进行相应的调整。因此，我们可以说，随着教学模块的拆解，更新，增减，归纳，为模块创建一个全新的"外壳"，专业教学模式就会表现为一个动态开放的教学模式系统。本书所讨论的学科教育模式及课程管理系统，是一种动态的、开放的模式及系统。稳是暂时的，相对的，而变是永久的，绝对的。

教育模块和计算机模块是两个概念。在这种情况下，一个教育模块中的子模块，是以相似的性质来划分从属关系，这样可以方便地从宏观上掌握。然而，一个教学子模块并不一定都会被固定在一个时空段中，而是会根据课程模块的性质、特点、功能，将子模块中的更小模块，按照教学的推论关系，分散在不同的时空段来应用。

教学模块及教学模式组成了环境艺术设计教学的且在持续地进行着代谢的知识系统。从中国美院和全国各高校的实践来看，在 4-5 年的时间里，我们需要对教学模块和模型进行相应的修改，以适应环境艺术设计专业的发展，包括专业的知识，技术的进步，方法的进步。

（二）环境艺术设计专业教学新模型的五项核心内容

环境艺术设计专业模块式教育模式结构图，也就是新的教育模式，其核心内容是建立在五个基础上的，如表 3-1 所示。

表 3-1　环境艺术设计专业教学新模型的核心内容的五个方面

序号	核心内容
①	五年制教学模型
②	四段式教学模型
③	增加工程实践类课程
④	增加有关工学课程
⑤	文理兼收模式

在上述五大核心内容以及模块化理论的基础上，设计出一个模块化的教育模式，下面对这五大核心内容一一进行说明。

1. 五年制教学模型

在环境艺术设计专业中，五年制是比较合适的教育模式。这个专业的课程涵盖了很多不同的领域，包括了很多不同的学科门类，比如：设计基础，建筑基础，建筑设计，专业基础，室内设计，景观设计，设计历史和理论，计算机软件的学习和应用，毕业论文和毕业设计等。特别是，在进行专业实践这一方面，需要花费的时间比较长。环境艺术设计专业属于一个实践性很强的专业，目前，几乎所有学校的学生都没有足够的时间参与实践，导致所学的专业知识和实际操作之间存在一定的间断性，从而导致学生对专业的认知深度缺乏，对后续课程的深入学习产生不利的影响，导致他们在参加工作之后，要花费大量的时间来培养新人。所以，要真正扎实地学习这门课，并能在社会上为社会所用，我以为，五年制是比较合适的。五十年代，中央工艺美院成立室内装潢专业，也采取五年制的模式。目前，我国的建筑设计专业大部分都是五年制的教育模式。

2. 四段式教学模型

根据国内外的专业教育模式和当前国内的专业教育和实践的实际情况，来设定四段式教育模式。

（1）对基本教学模块（1个学年）进行指向性的设设计。目前，很多院校的基本教学都是把各个设计系的同学放在一个课程里，没有任何的学科划分，只重共性，轻个性。然而，在一些学校，比如清华艺术学院基础部的教学经过20多年的发展，已经形成这样的一种状况，也就是：在共性之中，保留个性，突出设计基础教学的专业适应性、方向性，并不是所有专业的基础教学都是完全一致的，有相似的地方也有不同的地方，而这些地方的课程及内容都是根据自己的专业特征设计的。

经过基本的设计培训，可以使学生对设计有比较完整的认识，并具备对设计的基本了解能力（见表3-2）。

表3-2　第一学年设计基础教学模块课程设置参考

课程名称	设计素描（器物、室内、建筑、景观），专业色彩（器物、室内、建筑、景观），专业速写（器物、室内、建筑、景观），平面构成，立体构成，色彩构成，装饰图形，形态研究，摄影基础、设计概论，西方现代设计史，中国设计史

（2）建筑设计课程模块（包含建筑设计实习，两个学期）。其中，建筑设计是环境艺术设计重要依据。根据作者采访的相关专家的数据显示，不管是装修设计企业

的业务领导，还是环境艺术设计专业毕业的从业人员，在谈及到建筑与室内设计、景观设计之间的关系时，都会着重指出，由于缺乏对环境艺术设计专业毕业生的建筑知识，使得他们在工作中处于比较消极的状态。像东南大学的环境艺术设计专业，都是以工科为主，实行"2+3"的教学模式，两年的建筑设计学习，三年的风景园林设计学习（包括六个月的设计实践，六个月的毕业设计）。同济大学建筑学院内部设置的室内设计专业，也是一个具有工程背景的专业，它的办学理念和东南大学的环境艺术设计专业有很大的相似之处，唯一的区别就是专业不一样。

这个时期的课程主要集中在建筑基础和建筑专业设计和设计的理论方面，这一阶段是环境艺术设计专业主要公共课程的完成阶段。由于建筑基础、建筑专业设计以及它们的相关理论都是环境艺术设计的基本要素，因此，不管是室内设计，还是园林设计，都离不开建筑基础要素。目标是让学生顺利地完成这一阶段的学习，为下一阶段的室内设计与风景园林专业的教学做好铺垫。这个阶段是在环境艺术设计的基础阶段，也是在室内设计和风景园林的教学环节中，起到承上启下的作用。

表 3-3　第二、三学年建筑设计课程模块设置参考 IO7

第二、三学年建筑设计课程模块设置参考	
第二学年	画法几何，建筑与室内透视基础，专业表现技法（手绘效果图），专业表现技法（手绘快速表现），人体工程学，专业色彩设计，居住区规划，风景区规划，户型设计，计算机辅助设计（AUTO-CAD），设计院实习（侧重制图规范及规划内容）建筑设计原理，建筑概论，中国建筑史
	建筑模型，建筑构造与结构，建筑物理（声光热），建筑设备基础（水暖电），建筑设备选型，民居测绘，城市设计，风景建筑设计，独立住宅建筑设计，计算机辅助设计，设计院实习（侧重设计规范、法规）；中国古建筑构造分析，外国建筑史，建筑经济学

在此必须指出，虽然环境工程学专业的工科名与建筑学专业的工科名相同，但其内容并不完全相同。在此，工程学课程内容侧重点更多的是着重于与室内设计之间的联系，它是一个室内设计师所必须具备的基本知识和技巧。

（3）模糊风景园林及室内设计教学模块。这一阶段的重点是对室内设计及风景设计的基本理论、基本知识以及与之有关的设计技巧的掌握，让学生能够在学习室内设计及风景设计的理论的同时，还能够对专业造型基础、设计原理与方法、工作室及工程实践等方面进行基本的培训，同时还能够对室内设计及风景设计的发展有一个基本的认识，能够对该专业的发展有一个基本的了解。

事实上，这个学年要把景观设计和室内设计两个模块交叉起来，这样才能更好地把二年所学到的建筑学知识融入到风景园林和室内设计课程中去。与此同时，也是要让学生重新思考建筑设计、景观设计、室内设计三者室内设计之间的相互关系，用整体的、系统的思维方法，对环境艺术设计范畴中的各项要素进行了解，以及对它们的协同作用，而不是对单个的设计对象进行单项的考虑。根据作者的调查，有几个中国艺术学院环境艺术专业的研究生，这样一个全面的专业，可以让学生在今后的设计工作中有更广阔的设计视角，更好地掌握整体的设计知识。

表 3-4 第四学年环艺设计课程模块设置参考

第四学年环艺设计课程模块设置参考	
第四学年	室内材料与构造，室内设计程序，室内陈设设计，家具设计，室内设计原理，西方室内设计史，中国室内设计史；景观植物学，植物配置，造园设计，公共艺术，设计院实习（侧重相关条例、标准、防火、安全）；景观概论，园林设计原理，中国园林设计史，西方景观设计史

（4）风景园林设计或者室内设计教学模块，并以所选定方向作为毕业设计。最后一年的分专业教学，是让学生在前面的一年设计依据、两年建筑设计基础和一年"景观、室内模糊教学"基础上，基于自己的喜好学有所专，学有所长，

并在即将毕业的时候，做一份很有意义的设计方案。作者以为：一门课程不能承载过多的期待与希望，更不能成为一门"万金油"。在此背景下，环境艺术设计只有在建筑设计的基础上才能开设两个学科：风景园林设计与室内设计，而在这两个学科中，建筑设计是一个特殊的学科。不管是艺术学院的建筑专业，还是工科的建筑专业，都需要 5 年的学习，因此，在有限的时间内，我们既不能去复制别人的道路，更不能忘记自己的使命。

在这以前，学生获得了符合要求的学分，并且在毕业设计的主题确定和论文的开题报告得到批准后，才能成功地进行毕业学位的学习。在前期的学习过程中，学生们将会更加注重自己的兴趣和专长，将风景设计或室内设计作为他们的研究方向，完成他们的毕业设计和论文，在毕业设计过程中，包含一个具有很强的综合性的毕业设计与毕业论文。

表 3-5 第五学年环艺专业的两个专业方向课程模块设置参考

学年	专业	第五学年环艺专业的两个专业方向课程模块设置参考
第五学年	室内设计	展示设计，建筑装饰设计，度假宾馆室内设计，建筑、室内照明设计，建筑与室内摄影，高级住宅室内设计，室内设计风格概论，中西方雕塑史纲，设计营销与管理；毕业实习（侧重职业道德、设计营销、业务关系、合同），毕业设计，毕业论文
第五学年	景观设计	园艺植栽学，园林考察，公共设施设计，景观设计，建筑与景观摄影，建筑、景观照明设计，自然系统或场地生态学；中西方雕塑史纲，设计营销与管理；毕业实习（侧重职业道德、设计营销、业务关系、合同），毕业设计，毕业论文

四阶段五年教育模式，即在第一年级把学生从"自然人"培育为具有某种专门能力的"专业人"；从二、三年级着手，夯实专业的基本功，即：建筑设计基础课；从四到五年级，主要是将学生从一个专业人，转变成一个拥有一定职业能力的设计者，把开拓型、会通型、应用型的创新人才作为育人建设的核心。在第五年直到最后一个学期结束时，可以挑选其中一个科目来进行突破，然后再次提升，并且对在大学期间所学进行一个综述。

3. 增加工程实践类课程

目前，我国高职院校实践性课程的缺乏、不足、甚至是流于表面，已成为高职院校实践性课程的一个普遍问题。美国麻省理工大学始建于1895年，是美国历史最悠久也是最杰出的建筑学专业，不过最近几年，它已经开始走向衰落，进入一种"以社会为中心，以政治为中心，不讲基础"的教学模式。中国建筑师张永和于2005年春受邀出任美国麻省理工大学建筑系院长，是第一个在美国从事重要建筑工作的华裔。麻省理工最大的兴趣在于张永和作为一名建筑设计师，以及他在美国的多年教练经历。张永和不像一般的建筑师那样，只是讲一些空话，他有自己的建筑公司，有着丰富的实际工作经历，又曾经在美国多所高校任教，所以他很清楚美国建筑行业的发展状况。张永和上任后，马上开始了新一轮的教育变革，他对课程进行重新修订，特别是在课程中加入一些专业的实践课程。在他任职期间，麻省理工学院建筑学专业在他的领导下得到快速的发展。在张永和上任以前，麻省理工学院的建筑学专业只是美国高校第八位，但在张永和上任之后，麻省理工学院就一跃成为第二位。偶然的是，广州美院的工艺专业在全国同类院校中并不突出，也不出名。在改革开放之后，因为广州处于改革开放的最前沿，所以有了前所未有的蓬勃发展的设计市场，也有了更多的实践的机会，所以，在这一过程中，工艺艺术系逐渐发展成为一个新的设计学院，它的下面有很多的设计学系，而在这些学系之中，又以环境设计系（现在改名为'建筑与环境设计系'）最受欢迎。在本专业创立之时，由本专业教师发起组建的"广东省集美设计工程公司"，是全国首批探讨当代建筑设计实务的学术团体。自此，该系的产、学、研结合的教师团队和他们的教学成绩，获得了很好的评价，在过去的十多年里，该系已经是中国的建设和环境艺术的一股主要势力。

4. 增加有关工学课程

这一部分在四段式教学的第二段中，"两年的建筑设计课程模块"中得到了贯彻，其中以建筑物理、建筑结构、建筑材料等为主体，增设相关工学的起点是以工程设计及建设实际需求为基础。当前，我国艺术院校的环境艺术设计专业存在着工学课程不足的问题，根据文科类艺术院校的学生的理工科知识，可以设置与工科类建筑学院不同的工学知识，但必须要有工学知识。在理论界和实务界，已经形成了一个共同的观点，即环境艺术设计专业是一个艺术性与技术性相结合的专业。这里所指的，就是工程方面的知识。因此，这引出另一项内容，也就是以下"文理兼修"模式的内容。

5.文理兼收模式

我曾经与江南大学前研究生学院院长张福昌进行过访谈，张福昌于20世纪80年代在日本的千叶大学学习过，根据张老师的说法，千叶大学有不少的设计系都是文科和理科相结合的。从国外归来的张老师在1985年首次将江南大学的室内设计系纳入自己的研究范围，之后又扩展到自己的产品设计系。这一课题曾获得过国家级的优秀教育成果。根据对学校毕业生的调查（对浙江理工大学之江学院，前江南大学，工业设计系的毕业生），工程系的毕业生中，有很多人在毕业后选择了新的职业，不过，中等水平较少，大多数一般都有发展后劲，有较大的上升空间，也都比较顺利，总体呈一头大一头小的不规则哑铃型分布。因为目前的课程体系，刚入学的时候以基本课程为主，艺术专业的同学学习起来比较好，但是一旦超过这一阶段，他们的优势就荡然无存了。在艺术院校的学生中，很少有学生在毕业之后会变得很糟糕，而更多的学生处于中等水平，因为一般都是后继乏力，所以相对来说也是少数几个成功者，总体上呈现出一个菱形的分布。文科和理科结合在一起，形成了一个阶梯，一端大，一端小，这是最好的结果。这样，文理兼修的好处就是让这个专业的毕业生在将来步入社会时，仍然有不少人能在这个专业的中、高级水平上维持自己的优势。目前的专业设置情况是，大部分艺术学院的环境艺术设计专业都是以文科为主，而我国的部分工学院及林学院的部分相关专业以理工为主。这种状况使得学生的个体优势被无限放大，而对于他们所处的学科"短板"并未获得很大的提高和弥补。这种文理兼收的方式，不但能够让文、工科学生在各自的专业技术上达到相互借鉴的效果，还能够互相学习，互相促进，还能够在思维方式、学习方式、工作态度等各个方面形成互补的优势。

第五节　各类高校环境艺术设计基础教学模式的比较

一、综合类大学环境设计专业的基础教学概况

北京林业学院的环境艺术设计专业在全国各高等院校中排名前列，具有很高的优质报考率和就业质量。北林学院的"环境设计"是在"艺术设计"主干下的一个分支专业，

其中包括视觉传达设计，动画设计，工业设计等几个分支专业。

在过去的 5 年中，北林的环境设计专业已经从单一的室内设计模式，逐步调整到了多个方向的均衡模式，形成了一个十分明显的专业发展对比。

在单一类型的模式中，北林很注重自己的主攻方向，并不是只有一个方向。在教学过程中，采取了一种循序渐进的学习方法，在大学一年级的时候，主要以造型基础、构成基础、制图基础和理论基础作为主要内容，对学生们的专业基础技能进行全面的培训，同时还开设许多专业的选修课，以供他们进行扩展。从大二起，学习设计基本知识和软件基础知识，包括建筑基本知识，设计表达，手绘表达技巧（见附图 3-2），人体工程学，CAD，三维等；大三开始专攻室内设计，将其分成两大类：家庭空间设计和公共室内空间设计，与之配套的家具设计、陈设设计和陈列设计等；在大四的第一个学期里，将会有一门与灯光设计和公共设施设计相结合的课程。

图 3-2　汉武手绘图

而目前的均衡型模式中，大一的学生仍然以造型基础、构成基础和理论基础为主要内容，课程内容包括：素描、色彩、三大构成、艺术史和专业概论。将专业概论分为四个大节，让学生对四个设计专业方向有一个清晰的认识。大二，主要学习设计基本知识及理论知识，课程内容有：建筑设计基本知识，设计表达，透视制图，空间构成，CAD，模型制作，综合材料学，专业欣赏，家具历史，设计史等；大三的时候，学生将会学习设计专业的课程，主要学习室内设计和园林设计，这两个专业的课程，每个学期都会有 48 个学时的理论学习，8 个学时的实践学习，主要学习的是如何完成一个好的设计计划，然后在这个过程中，还会有室内设计、家具设计、陈设设计、展示设计、装修建造等方面的学习。以风景园林为中心，在原来的公用设备设计科目之外，我们还借助北林一流的风景园林和园艺专业，开设了园艺基础和植物基础等科目，从而建立起一个更加完整的专业知识系统。

北京林业大学（Beijing Forestry University，简称"北林"，参见附图3-3）的基本教育和专业设置已有一个完备的支持系统，其内容充实而又合乎情理。但是，从理论上讲，在实际操作中，造型的基本课程与实际操作的联系并不密切，各辅助课程也没有达到完美的融合。而且，在一、二年级，在综合类大学中，有更多的其它类型的必修通识课程，在某种意义上，对学科基础教学的合理性造成很大的限制，很多学科都是同一时间开设的，这给学生的学习带来困难。除此之外，还有一个原因就是建筑基础比较薄弱，尽管如今的建筑基础课程已经得到提高，但是要想真正地将建筑基础问题解决起来还是比较困难的。

图 3-3　北林校门

二、专业美院环境设计专业的基础教学概况

在中央艺术学院的建筑学院（如图3-4），大学的建筑与环境设计课程由三个部分组成，分别是两年的基础教学，两年的专业课教学，还有一年的毕业班的工作室教学。第一年和二年的基本功部分，分别面向建筑、景观和室内三个专业，其教学内容包括：造型基础，设计基础，施工基础，以及一些相关的公共科目；最后两年是专业课，这个专业课是根据主要的学科发展趋势来设计的，主要是强调专业课的特色，但也要考虑到各个学科之间的相互影响和相互结合。除主修设计科目外，建筑学院亦会开设相关的基础理论及技术类的一般科目，进一步改善本系之科目架构；在最后一年的课程中，采用的是工作室式的教学模式，着重将专业方向和导师的指导有机地结合起来，具体的学习过程包含工作室的项目培训与毕业设计，由工作室的导师来对其进行组织的教学与学术活动，实现个体化的精英教育。

图 3-4　中央艺术学院图

　　整个学科建构注重的是具有艺术与人文的学科背景,将其建立在建筑学的必要条件之上,在课程内容方面,着重强调"宽基础和多口径",在课程结构方面,着重强调"系统化与模块化",对有关学科的界限进行模糊,提倡各学科之间的相互交叉。从基础课的角度出发,对建筑设计,室内设计,风景园林等专业进行初步的设计,并对其进行分析。以造型训练、设计训练、建造训练、表现训练和理论训练五个部分为核心,共同构成一个完整的专业结构网络,使学生能够在这个网络中拥有一个坚实的专业基础,同时还要重视对人文教育与通识的培养,从而使学生能够养成一个优秀的设计素养与美学素质。

　　从实践角度出发,将建筑学专业、室内设计专业和景观专业三个专业的基本课程整合到一起,形成一套完整的课程体系。一年级的课程重点是培养学生的空间制造能力,培养学生的基本技能和职业表达技巧,提升学生的造型能力,并培养学生的特定美学素养;二年级主要是培养初级设计能力,以及对建筑基础问题的了解,并在此基础上交叉开设理论课和建造技术类课,这样既可以充实学生的专业课,又可以让他们拥有一定的科研能力。

三、师范类高校环境设计专业的基础教学概况

　　在高师院校中设立艺术设计专业,是近几年来,我国高师院校调整专业结构,对课程设置及教学内容体系进行改革,对人才培养模式进行创新,提高人才培养质量进行有益的尝试。环境艺术设计是一门与社会生活有着密切联系的应用型专业,它具有很强的实用性、很高的灵活性和很好的就业空间。在这种情况下,大多数的高校都在积极地开设它,正在逐步朝着综合型发展的师范类高校也不例外。

　　目前,在高师院校开设的环境艺术设计专业有两种类型:一种是以艺术学为基础,

以设计为导向的设计方向；另一类是非师专设计类。但是，它们的教育方式都有很大的缺陷：就专业技术培训而言，过分注重基本的画技培训，对专业课程进行挤压，缺少实践教学；从教师的技术培训上看，教师的技术培训是在普通教师的基础上进行的，而没有专业的教师的技术培训。在师范学院中，环境艺术设计专业的学生，一般都觉得他们所学到的专业课的课时太短，这也造成大多数同学的专业素养不高，他们的社会实践能力很弱，他们的专业知识不丰富，而且没有自己的特点，因此，在他们的就业上，不仅没有一个单一的优势，且他们的整体竞争力也不强。

本书以贵州师专艺术学院为案例，介绍其在环境与设计方面的应用。贵州师院是一所二级高等师范院校，它在艺术学领域作为一门专业的选修课，具有"二二制"师范教育模式的特色。大学一、二年级的主要内容是艺术基本知识及师范类课程，二年级的第二个学期则以个人兴趣为导向进行专业学习。这就造成，一个真实的环境设计专业课程是在大二之后，专业的课程种类比较少，课时也比较少，学生们只需要花一年或者一年半的时间，就可以把其他学生三年或者三年半所学的课程全部用一年或者一年半的时间来完成，这样的话，学生们的学习质量已经难以得到保障，与五年制的专业型教学比较起来，两者之间的差距就更大了，学生们根本就没有什么专业上的优势，假如课程结构不好，学生们还无法达到职业技术教育的标准。

在这门专业的课程当中有：中外建筑史40个课时，手绘表现技巧48个课时，人体工程学64个课时，CAD64个课时、3D80个课时，装修材料与施工工艺48个课时、室内设计192个课时，景观设计192个课时。在这些课程中，室内设计和风景园林都是在两个学期内结束的，每个专业的教学时间是96课时。如果只拿一门课程来说，虽然课时很多，但是要在192个课时之内，所能完成的教学内容却是十分有限的。这当中，还必须要将其他院校在大一和大二已经学习过的一些基本的专业基础问题，比如制图、空间、设计风格、设计思维等；同时也要求学生在大三、大四时必须要拥有的一些设计技能；在此基础上，对家具，照明，植物，公共设施等方面进行横向和垂直的扩展。师范学校的课程中，师范类环境设计专业占据了师范类的公共必修课的大部分课程，再加上大一大二艺术院校的造型艺术基础课，所以剩下的专业课时间并不多。

而师范类院校本身办学体制下的师范教育培养模式，与环境艺术设计专业的实践应用型教学体系之间存在着一种互相约束的关系，从而导致专业教学中的许多问题。在基本课程中，实施"大艺术"的教育体系，无论对绘画、雕塑、设计等专业，都进行大量的基本形态的培养。在基础课程中，仅有造型训练、构成训练以及部分的美学概论、艺术史论的教授，但是却没有对与环境设计有关的专业进行过专业的通识教育。因此，在专业基础的培养方面，存在着专业结构粗糙、课时比例失衡、教师专业体系混乱、学生培养的指导性不够清晰等问题。因此，与专业美院以及其他综合类大学比较起来，学生的专业竞争能力比较弱。所以，在师范类的设计教育中，在有限的教学条件下，课程的设置要具有较高的科学性和适用性，更要有能够增强学生对专业知识的了解和学习能力的基本教学体系。应当完全转变以单一的绘画技术为主体的知识结构，在设计学科发展的新形势下，传统的艺术型基础课程已经不能与学科的教学相适应，还成为了一种障碍。

四、国外环境设计类专业的教学模式

欧美国家的设计学院或综合高校中，与"环境艺术设计"相关的"室内设计及风景园林设计"这两个学科是两个单独的学科，因此，这两个学科在学科建设方面都很完善。

（一）室内设计

与世界上大多数国家相比，美国在室内设计教育方面起步比较早。对于高校室内设计来说，它的课程设置在大小不一的学院中，设有从本科至研究生的各种学位及专业。纽约艺术与实用艺术学院是第一所提供室内设计专业的学院，该学院于 1904 年开始提供室内设计。1940 年，这所学院改名为帕森氏学院。第二个开设室内设计学科的则是纽约 NYSID，成立于 1916 年，在美国北方也算是一所颇有名气的专业院校，在室内设计界也是数一数二的，很多知名的工作室都有该校毕业生。也有些社区学校，大多开设二至四年的教育，这在中国是等同于大学教育的。规模较小的或者是专业的学校，通常会有学士或者硕士的文凭。一所综合性的大学主要是进行学士和硕士的教育，通常都会开设多种学士和硕士的学位。

从学院教学环境上来说，美国学院室内设计可以划分为三大类：艺术系是最主要的一类，在其中所占据的比重最大；其次是经济学和社会心理学，这两门学科的数量并不小。建筑学属于第 3 种，占的比重最少。因为不同类型的学校有着不同的历史背景，所以他们的教育侧重点也是不一样的。在艺术院校中，以纽约室内设计学校，旧金山艺术研究学校，美国萨凡纳艺术与设计学校为代表的艺术与创意教育是其重要的教学内容。但是大部分都是开设在一些综合型的高校中的艺术专业，比如佐治亚的艺术专业，弗吉尼亚的艺术专业。人文系以人的行为及小型环境的研究为主要内容。这些院校倾向于以综合型为主，如康奈尔（University of College）的生态学院、伊利诺伊州（Universe of the Electronics）的家政经济系、以及密苏里 -（Columbia）的人文生态学学院。第三种类型的院校充分发挥自身的自然环境优势，以注重室内建设为主。例如：亚利桑那大学的建筑与环境系，辛辛那提大学的建筑艺术与规划系，以及路易斯安那科技大学的建筑系。

在美国，四年制和五年制是最具代表性的一种大学室内设计课程。室内设计教学是顺应时代需求而发展起来的，目前尚无统一的教学大纲。关于大学本科教学的方针，各校的意见不一。但是总的来说，综合性高校的教学质量要高得多，既注重对学生的学科素养的学习，又注重对其进行综合性思考的训练。美国大学教育的其中一项作用就是创造一个寻求知识的社会。

在美国的室内设计院校中，课程一般是按照这样一种逐步深入的方式进行的：基础知识——基础技能——实践技能——进阶课程。

当前美国大学艺术与设计学科的教学模式有如下几个特色。

1. 课程结构呈现灵活性与多样性

在艺术设计类专业的课程设置方面，美国大学一般都采取"基础理论＋专业课＋专业实习"的教学方式。各高校因其自身的历史发展而形成的独特的人文环境，各高校的办学目的和办学特点也各不相同。在授课过程中，突出一种专业性的学习方式，抛弃程式化的授课方式，倡导一种灵活多变的课程体系，注重挖掘并培育学生的设计潜能和性格，使他们具备独立、灵活、批判的设计观念，注重对艺术设计的感知和认识。

2. 课程设置上秩序与自由并存

在美国大学艺术设计的课程体系中，没有一套明确的教学体系，但它的教学体系却是由三大模块组成，即：基础学习和理论教学模块，以及设计实习模块。各专业课的重点在于对学生的审美意识的发展和创造性思维的发展，同时也在于对其进行合理的、系统的职业设计的发展。在课程内容方面，采用的是宽领域、多方向的知识组织方式，并且具有一定的自由化特征。除必修课之外，还为学生们提供许多其他领域的专业知识，让他们可以进行自主的选修和学习，并举办许多的设计沙龙，还可以组织各种的参观访问和交流活动，学生们可以以自己的专业兴趣及发展方向为依据，来选择自己想要学习的专业领域。这样一种既有有序又有自由的课程模型，它把严格的教育和自我发展的意识融合在一起，不仅可以锻炼出学生的独立学习的能力，而且还可以构建出一个行之有效的大知识平台，扩展学生的专业知识，提升他们的艺术素养和创造力。

3. 与实践接轨的工作室文化

在美国艺术与设计教学中，"销量曲线"是一种主要的"风向标"，由于其高度重视市场需求，"实用性"成为其教学内容中最为关键的一条。美国主要的艺术和设计学院在每一年的学习中都会有一门"工作室课程"，这门工作室课程将根据学生们的学习情况而定，而这些专业的工作室，一般都是24小时对学生们敞开大门，并且提供各种各样的设备，可以帮助学生们更好的学习。同时，学生也可以按照自己的需要，在不同的时间到不同的工作室里去实践和创造。在实践教学中，学生可以在实践中运用所学知识。工作室是一个将学校和市场联系起来的实践平台，让学生可以在实践的过程中，对自己的学习成果进行检测，增长设计经验，明确自己的专业发展方向，并与商业市场保持密切的联系，为将来的事业发展提供良好的基础。

（二）景观设计

景观设计具有很长的发展历程，具有鲜明的地域性和民族性。几千年来，在全球范围内，有三大古典园林系统：中国的东方园林系统，古希腊的欧洲园林系统，阿拉伯的伊斯兰园林系统，这三大古典园林系统在全球范围内都有广泛应用。19 世纪之后，伴随着工业革命的兴起，欧洲古典花园因应市场需要，逐步向带有当代意味的景观设计发展，景观设计教学也应运而生。

19 世纪晚期 20 世纪早期，美国、英国等国的景观设计学科应运而生，到目前为止已有 100 余年的历史，这使得美国、英国在景观设计的专业建设和专业培养方面，都取得了十分成功的成绩，在当代景观设计的发展方面，它们起步较早，影响较大，有许多可供我国借鉴和学习之处。

美国最早形成一套现代景观设计的教学系统，1857 年美国景观设计学鼻祖奥姆斯特德和他的合作伙伴沃克斯合作创作了纽约中心花园，这是景观设计学发展的一个里程碑式的成就。奥姆斯特德在 20 世纪早期，曾在哈佛教授过一门景观设计学，他主张将自己的职业与景观设计学分开，将自己的职业称作"景观设计"，并自称"景观设计师"。

纽约中心公园的设计成为美国景观设计的一个开端，景观设计也因此成为一个新的、相对独立的学科。奥姆斯特德之子弗雷德里克，凭借着丰富的设计经验，随舒克利夫一起，在哈佛大学开办景观设计专业，并率先在美国推行四年的景观设计专业，从而使它成为一门真正意义上的当代专业。现在美国超过 60 所高校提供景观设计的专门教学，三分之二的高校提供研究生和博士的教学。在美国，景观设计的主要课程设置在建筑系、林业系、艺术系等院校。各具特色，互为补充。

在哈佛学院刚刚开设景观设计专业之初，其教学内容以文化教学为主，注重景观的艺术形式设计和学习。伴随着现代主义的发展，在 20 世纪 30 和 40 年代，人们开始提倡功能主义，这使得景观设计的教学从注重形式的审美，转移到注重和研究社会生态和技术材料，从而引发景观设计专业的教育改革。当今美国当代景观设计专业，多采用社会、生态、艺术三位一体的教育方式，注重社会、生态、审美三个方面的价值的整合与应用。

从课程结构来看，目前我国景观规划设计专业的教育系统包括：设计课、讲座与研讨会、自主研学三种类型。在这些课程当中，设计课程是学习和研究的中心，在教学上建立起一个广阔的专业背景，重视对景观的形式美学、历史文化、专业实践和科学研究等方面的全面学习。在此过程中，注重对问题的剖析，注重对实际工作中的操作技巧的训练，使学生能够全面掌握与景观设计有关的各个方面的知识和技术；讲座及专题讲座，重点介绍景观设计的历史与人文，专业理论与方法；独立的研究型课程跟室内设计的工作室学习系统有些相似，它是指在经过基本的学习之后，学生们会进入到一个专业的深入阶段，对某个特定的方向展开专门的研究，并在老师的引导和启发下，能够独立地进行科研和撰写论文。在教育方式方面，美国景观设计界十分重视采用启发性的教育方式，十分关注对学生的创造性进行开发，并对学生的自主解决问题的能力进行训练。

英国景观设计教学于 1821 年出现，而近代景观设计教学则是在 1930 年才正式起步。英国景观设计教学开始于伦敦、纽卡斯尔、雷丁等高校的一次小型培训。20 世纪中期，位于泰恩河边的纽卡斯尔大学创建其首个景观设计系，此后，伯明翰，切尔滕纳姆，爱丁堡等多所高校相继设立景观设计系，从而使景观设计学科在英国逐渐形成，逐渐完善。

英国景观设计教学以培养具有较强的基础科学和实用技能的职业景观设计师为目标，强调将理论联系到现实生活中去。在这样的体系中培养出的学生拥有更广泛的知识，他们对普通的社会现象有着更深层次的了解，因此他们在进行景观规划和设计的时候，从更多的角度去看待问题，他们有着自己独特的观点，对问题的思考也更加细致。

从教学内容来看，英国景观设计学院十分重视对学生的综合的专业素养和综合的艺术创作技能的培训。需要学生能够全面地了解自然景观和人文景观，能够正确地了解和判定设计中所面临的问题，并且还需要他们掌握在科学和艺术方面的综合专业知识，让他们能够拥有一个很好的学术基础，且能够掌握一些实用的设计技能，能够在设计过程中对特定的问题做出一个明确而犀利的判断，而且他们的实际操作能力非常出色，还拥有很强的专业交流和合作的能力。在教学方面，本科课程以习作设计、讲授和撰写报告为主。在这些课程中，学生们的实践活动重点是：风景建筑概论，风景元素，景观空间的多种功能，景观的综合性设计；授课的单元题目被划分成三个方面，分别是：设计研究与人文学、土地科学与技术及专业实践，它的教学内容包含景观设计史论、景观设计、地理学、规划学、自然环境科学、植物学、景观建筑与工程、法律法规等。总的来说，英国景观设计的课程结构十分严格，注重扩展和整合学科的知识系统，注重培养学生的实际应用能力。

受美英景观设计市场以及景观设计专业教学的冲击与发展，20 世纪前半期，许多西方发达国家，比如法国，德国，加拿大，澳大利亚，都先后根据本国的市场需要和当地的文化背景，创立了自己的景观设计专业，并开展许多的实践活动，创作出许多具有一定影响的景观设计专业的艺术创作。欧美等先进国家有着较为成熟的景观设计实践和较为完整的景观设计课程，但国内景观设计课程的专业化发展却较为缓慢，目前，我国高校专业课程教学仍处在起步阶段，教学的实践性和教学的经验都比较差，课程教学系统也不够健全。我们应当立足于市场，立足于实际，吸收欧美国家的教育思想，融入中国特有的风景园林文化，构建一套符合我们国情的景观设计专业教育系统。

第四章　环境艺术设计方案的综合表达基础

第一节　环境艺术设计的表达基础

技术绘图是描述各种工程设计的重要组成部分，也是每位新手都应该具备的一项基础绘图技巧。在学习绘图过程中，除要对常见的绘图工具进行熟悉之外，还要对其熟练掌握实践操作，这样才能确保绘制的品质，从而提升绘制的效率。此外，还需要按照相关的制图标准或规定来进行绘制，确保绘制的标准化。图纸不仅要严格遵守国家的标准，还要保证图面工整、清晰、合理，并且提供的数据要精确。接下来，让我们从绘图的第一个步骤工具线条图入手。

一、工具线条图

利用绘图工具（丁字尺、圆规、三角板等），将其工整地画出的图样，叫做工具线条图。根据绘制的方法，可以将其分成两大类：一类是用铅笔画出的，另一类是用油墨画出的工具线条图需要画出的线段粗细一致，平滑整齐，衔接清晰。由于这种图纸通过对周围对象进行清晰的勾勒来表现其设计目的，因此，其最大的特点就是采用线条绘制。在图纸中，每一条线的粗与细各有其含义。

（一）线条的种类、交接及画线顺序

1. 线条的种类

横切线：表示切面图被横切部分的廓形廓线，用它来代表一条图框线。

轮廓线：代表物体外部形状的边界廓形线。

实线：最精细的直线，在平面图，剖面图，图例线，引线，表格的分割线。

中线：又叫点划线，它代表目标的中线或轴向（定位轴）。

虚线：一种用来指示实体被遮盖的边界线或辅助性线条。

断裂线：指形状在平面上被切断的那一段，常用作图中部件、墙壁等的断裂线条。

2. 线条的衔接

（1）两条直线相接。

（2）两条直线的交叉点不能用粗体表示。

（3）不同类型的线条在交叉点上不能有间隙。

（4）实线和虚线连接。

（5）圆形的中心线应该突出，并且在虚线和圆形的交叉点上没有间隙。

除了以上这些，在作图时还要考虑下列问题。①虚线、点划线和双点划线的每一条线的长短和间隔应该是相同的。虚线的长度是 4-6 mm，间隔是 0.5-1.5 mm；点划线的线段长度为 10-20 mm，间隔 1-3 mm。点划线的分段不应该以点为终点。所绘图线不得跨越字符、数字及符号，实在无法避开时应截取，以确保字符、数字及符号之清楚。②线的加深和增宽。用 B 到 3 B 的柔软的铅笔，来加深或加重铅笔的线条，再用坚硬的 HB 的铅笔线修整。墨线条的粗化，可以从边缘开始，然后一笔一划地填充。如果只用一支笔来划，因为用的水太多，线条的形状就会在开始的时候变得臃肿，纸张也会变得褶皱。③粗线与稿线之间的联系。稿线必须位于粗线的中间，如果两条稿线之间的间隔很短，则可以在此基础上再加上一条更粗的。

3. 画线顺序

（1）由于铅笔的粗线会对图纸造成污染，所以，在图面上，铅笔的线条很容易被尺上的线条磨损掉，所以，不要使用粗线墨，稿线应该是轻巧的。

（2）先画细线，然后再画粗线，这是一个循序渐进的过程。由于铅笔线比较干燥，容易被尺的表面划破，所以首先划出一条细线，并不会对绘图造成太大的影响。

（3）在不同的线形相接时，应该首先画出圆线和曲线，然后才能接出直线。因为用直线来接圆或曲线，很容易让线条衔接变得平滑。

（4）从上到下，从左到右顺序画不会把图画的表面给弄脏。

（5）划好线之后，用文本描述标记好大小，然后用标题和圆形边界。

（二）制图工具用法及制图常规

1. 工具用法

（1）使用铅笔，针管笔和直线笔。按照铅芯的软硬程度，可以将绘图铅笔分成几个级别，最软的是10 B，最硬的是10 H。但是，在具体的制图过程中，还要根据图纸、所绘的线条以及空气的温湿度来进行调节。当纸面光滑，所绘线条较宽，空气湿度大，温度低的时候，就需要适当地增加深度。2 B以上的画笔主要是用来画素描的，但是很多设计师更倾向于使用3 B以上的画笔来画草稿和概念计划。除了使用画图的铅笔进行画图之外，还可以使用自动的铅笔起稿线、画草图，铅芯的尺寸有三种，分别是0.5毫米、0.7毫米、0.9毫米，一般的硬度为HB。

在绘图中，铅笔线条是最基本的，它要求画面整洁，线条流畅，粗细一致。为确保所画的线条的品质，减小铅笔芯的不均衡损耗，在绘图之前应先将铅笔削尖，并将笔芯留在5 mm的范围内，在绘画时将笔向运笔方向稍微倾斜，并在运笔时略微旋转铅笔，使得笔芯的损耗比较均衡。此外，也要留意，因为力度的不均衡，线条也会有不同程度的颜色变化。在画法中，要保证每一条线都有相同的深度，就必须保证每一条线的力量平衡和笔触的稳定。铅笔的写法：从左到右是水平，从下到上是垂线。

针管笔是一种特殊的作画工具，适用于水墨线描画。请参阅附图4-1。由于便于携带，便于操作，针管笔受到广大设计师的青睐。一种针管笔，其笔尖包括一根针、一根重针和一个接头。毛管直径的粗细，确定所画的线的宽度，在进行图纸设计时，必须备有三种直径的毛管，即粗，中，细三种直径的毛管。国内的"英雄"品牌9根带针的钢笔（管径0.2 mm，0.3 mm，0.4 mm，1.0 mm，1.2 mm等）可以满足普通的绘图要求。

图4-1　针管笔示例图

使用针管笔绘图时，笔头要对准原稿的铅笔线，并且要尽可能的靠近原稿的边缘。为防止圆尺边缘被墨弄破而弄脏图线，可用一张等厚的纸将圆尺底部粘上，圆尺表面略高于圆尺表面1 mm。绘画时，笔尖要微微向运笔方偏斜，同时要注意力量平衡，速度平稳。使用粗大的针管绘画时，起、停都不能有片刻的停留。除用来做直线之外，针管笔还可以用圆规配件和圆规连接起来，做圆或圆弧，也可以用连接件配合模板画图。

对针管笔进行合理的操作与维护，是保证针管笔正常工作，延长其使用寿命的关键。使用细长的针管笔时，不要太用力以免针管笔弯折。如果笔的尖端经常有墨珠或者笔的外壳经常被墨水沾上污渍，那就有可能是上面的墨水过多。所以，针管笔内的油墨不能太多，通常只占笔芯的四分之一至三分之一。针管笔不可使用粘稠、有沉淀物的炭黑，不要使用针管笔时，要将针管笔盖盖好，以防针管笔尖端的油墨出现干燥现象。定期对针管笔进行清洁是非常重要的，不然的话，笔头部位因为干墨和沉积而被堵塞，会造成针芯堵滞、墨线干涩、下笔出水困难等现象。

直线笔也叫鸡嘴笔（图4-2），它是用油墨或绘图油墨，颜色越深画出来的线条就越挺拔，在使用的时候，一定要保证笔锋内外没有任何的油墨，这样才能避免绘画时出现裂痕；着墨的数量要控制好，太多的话，很可能会有水珠落下，太少的话，又会造成线条的干燥；在作画的时候，必须在两个笔头之间留出足够的间隙，这样才能让墨的液体流淌出来。如果笔锋间隙已经非常微小，但所划的线还是显得过于粗大，则需要对划线的笔锋进行检查。如果已经变得不锋利，可以用油石打磨一下，然后重新使用。使用直线笔划出一条线时，其中心应与被划出的线重合，与尺的边缘有细微的间隙；用笔时应留意笔锋的夹角，不要让笔锋朝外或朝内倾斜，要保持笔锋的平缓。在使用后，请确保放松螺丝，并将油墨清除。

图4-2　直线笔（鸭嘴笔）

（2）绘图板，丁字尺，三角板的使用。绘图板是绘图的基础，它有三种不同的尺寸，分别是：零号（1200 mm×900 mm），壹号（900 mm×600 mm），贰号（600 mm×450 mm），在绘制时，要按照图纸的尺寸来选用合适的绘图板。一般的绘图板包括一个边框和一个面板，短边叫工作边，面板叫工作面。绘图板表面要求平整，硬度适中；板面的边缘必须是笔直的，尤其是工作的边缘。所以，不要在绘画板上乱画，不要把重物压在上面，也不要它放在太阳底下进行暴晒。

丁字尺也叫"T"尺，它是一种由两个互相垂直的尺头和尺身构成的尺体，在丁字尺中有标定的那一面被称作"工作面"。丁字尺有三种尺寸，分别为 1200 mm，900 mm，600 mm。丁字尺是一种最普通的线条绘制工具，它通常用于绘制水平线或者与三角板相结合的图形。丁字尺的刻度应在板面的左边，不得在板面的另一边进行刻度；三角板一定要紧贴丁字尺的边沿，其角度应该在所划线的右边；水平线条要用丁字尺从上到下划，线条从左到右；垂直线要用三角盘从左到右，从下往上画。

除了作平行线和垂线外，还可以用这两种三角板作 15 度和 15 度以上的不同角。为了增加工具线（含墨线、铅笔）的绘制速度，降低误差，可以参照以下的绘制次序：由上至下，由丁字尺一次移动到下；前向左，后向右，一次向右。

（3）比例尺、圆规、分轨和曲线板。在设计图纸上，必须把房子或零件按比例缩小到图纸上，比例尺是指将一条线段缩短或扩大的一种尺子，通常是三角形，又叫三角尺。按比例分六个刻度；条状形状有四种比例，并且可以相互转换。比例上的刻度，表示被测量对象的尺寸，比如 1-100，表示对象的尺寸为 1-100。由于尺子上的真实长度仅为 10 mm，也就是 1 cm，因此，用这个比例尺绘制出来的图像，其大小就是真实大小的 100 倍，两者的比值是 1：100。在建筑环境中常用的比例尺度如表 4-1 所示。

表 4-1 各类建筑图样常用比例尺举例

图样名称	比例尺	代表实物长度 / 米	图面上线段长度 / 毫米
总平面或地段图	1：1000	100	100
	1：2000	500	250
	1：5000	2000	4000
平面、立面、剖面图	1：50	10	200
	1：100	20	200
	1：200	40	200
细部大样图	1：20	2	100
	1：10	3	300
	1：5	1	200

圆规是一种用来划圆划弧的器具，它带有很大的调整螺丝，方便测量，但是按所划圆圈的尺寸又分为三种：小圆规，弹簧规，小圆规。小圆规是一种特殊的用来做径向弹性圆规，在其尺足之间有一条很细的圆线或弧线，用以控制尺足之间的刻度。当使用圆规打圈时，要将圆规旋转到顺时针的位置，使得圆规的身体稍微往前倾斜，而且要尽可能让两个圆规的足尖与图纸平行。如果圆形的半径太大，则可以在圆规脚上加一个圈圈来画出图形。做同心圆或同心圆时，要注意中心的保护，首先做一个小圆，

这样圆心就不会变大，不会影响精度。这个圆规可以用来做铅圈和墨圈。作铅线圆时，不能将铅心切成锥形，而要将其研磨为单坡形，以达到对铅心的较好的磨耗。

分规是一种用于切割线段，测量线段尺寸，并将线段或圆弧等分成两半的工具。一般的分规应该不紧不松，易于控制。弹簧分尺带有调整螺丝，可精确地控制分规角度的转位，操作简便。用分规截量，等分线或曲线时，必须保证两根针头都能精确地接触到直线，没有任何偏差。

曲线板是一种用于画各种曲率半径的曲线的工具。曲线板是一种柔性曲线条，它由一种可塑材质或一种柔性的金属芯构成。在工具线条图上，如水池，道路，建筑物等的不规律的曲线，都要用到曲线板。在绘图的时候，为保证线条的平滑和准确，应该在相邻的弧形部分之间留下一小部分的公共部分来做过渡。

（4）其他用具。模板。模板可以用于辅助作图，提高工作效率。例如，在环境设计中，可以使用模板进行厨卫设备的绘制。模板的类型很多，一种是专门的模板，比如工程结构模板、家具制图模板等，在这些模板上通常会雕刻出本行业中常见的一些尺寸、角度和几何图形。第二种是一般类型的模板，例如圆形模板，椭圆形模板等等。在用模板做一条直线的时候，笔尖可以稍微朝运笔方向上倾斜，而在做一个圆形或椭圆形的时候，笔尖则要尽可能的与纸张相垂直，并且要紧紧地粘住图案的边缘。在做墨线图的时候，为防止油墨渗透到模板下面，弄脏图线，可以用一块布把一张纸巾贴在模板下面，这样模板就可以与图面稍微拉开 0.5-1.0 mm 的距离。

擦皮。擦皮应该柔软而坚硬，能够在不损伤纸张、不留痕迹的情况下，将字迹抹去。在使用擦皮的时候，应该首先将擦皮清理干净，之后选择一个顺手的方向，以平均的力量来推动擦皮，用最小的推动次数来消除字迹，而不能进行来回的摩擦，不然的话，纸张就会变得很容易被摩擦成毛茸茸的样子，很难再形成平滑的线条。擦皮通常和擦图片搭配使用。

擦图片。通常采用较薄的金属薄片（最好是不锈钢），或者是一种透明的胶片。它的功能就是把板孔上的线段部分用橡皮擦去，而不会波及到附近的其它线条。擦线时，一定要将擦线板紧贴在图面上，避免因转动而对周边线造成干扰。

纸，透明胶带，三眼钉。绘图用的是两种不同的纸，一种是描图纸，一种是绘图纸。优质的绘图纸，具有整个纸面平整均匀，经得起擦拭，不因环境温度的改变而变形，用墨水画线时不会开裂等特征。好的描图纸张具有良好的透明性，均匀平整，易于着墨。当将图纸固定在图板上的时候，应该使用透明胶布或绘图三眼钉，不能使用图钉，不然会对图板图面造成伤害，从而对正常的制图工作造成不利的影响。

小刀、单面刀片和双面刀片。作线条用的铅笔应使用小刀削；图板上的图纸应使用单面刀片进行裁剪；描图纸上画错的墨线或者墨迹斑痕等应使用双面刀片刮除，且刮图时，应平放图纸，下垫三角板，轻轻的刮除。

小钢笔、墨水、清洁扫。墨线图上的工程字、数字和符号等一般使用小钢笔来进行书写。制图一般使用的墨水为碳素墨水与绘图墨水。碳素薄水较浓，绘图墨水较淡，所用前者不应有沉淀物。绘图时为了避免弄脏图面，应清扫除去图面上的铅粉等污渍。

2. 制图常规

（1）画幅绘图时，必须使用世界上普遍使用的幅宽为 A 的图纸。AO 幅宽的设计图叫做零号图纸，A1 幅宽的图纸叫做一号图纸等等。

当图的长度超过图幅长度或内容较多时，图纸需要加长。图纸的加长量为原图纸长边 1/8 的倍数。仅 A0～A3 号图纸可加长且必须沿长边。图纸长边加长后的尺寸如表 4-2 所示。

表 4-2　图纸长边加长尺寸

幅面代号	长边尺寸 L	长边加长后尺寸
AO	1189	1338，1487，1635，1784，1932，2081，2230，2387
A1	841	1051，1261，1472，1682，1892，2102
A2	594	743，892，1041，1189，1338，1487，1635，1784
A3	420	631，841，1051，1261，1472，1682，1892

一般情况下，一项工程的设计图纸应该以一种规格的幅面为主，除了被当作目录和表格使用的 A4 号图纸以外，它不应该有两种以上的规格，否则，幅面面混杂不均匀，给管理带来很大的麻烦。图纸是由图框围起来的。图框与图纸边沿之间的间距取决于幅面的尺寸。图框有两种形式：一种是横向图框，装订在左边；二为纵向图框，装订在上部，A0 至 A3 的图纸应采用水平型。对中线的中心有时候需要标记在中线上，宽度应为 0.35 mm，并向外突出 5 mm。

（2）标题栏与会签栏。标题栏也叫图标，是对图纸进行简单描述的一种方式。标题栏中必须包含设计单位名称，工程项目名称，设计者，审阅人，描图者，图名，尺寸，日期及图号。除垂直 A4 图片在图表的下面，其他的标题栏都在图表的右下角。标题栏的长度为 180 mm，短边为 40 mm，30 mm 或 50 mm。要求签署的图纸须设置会签栏，会签栏的大小为 75 mm×20 mm，会签者的专业名称及日期。为了规范绘图，降低绘图的难度，很多设计机构都把框架、标题、会签等列放在绘图上。除此之外，每一所大学的不同专业还可以以其自身的教育需求为依据，对标题栏中的内容进行编排，但是要做到简洁明确。

当绘制图框、标题栏和会签栏，也要注意线的宽度级别。边框线，标题栏外框线，标题栏的边框线，标题栏的边框线，都应该用粗实线，中粗实线，细实线来区别，线宽详见表 4-3。

表 4-3　图框、标题栏和会签栏的线条等级

图幅	图框线	标题栏外框线	栏内分割线
A0、A1	1.4	0.7	0.35
A2、A3、A4	1.0	0.7	0.35

（3）标注与索引。根据绘图标准，对绘图过程中的标注与索引进行准确、规范的表示。标注要显眼、明确，不能含糊。索引要容易找到，不要弄得杂乱无章。①标注线段。线段的尺寸标示包括分界线、尺寸线、起始符号、尺寸数字。尺寸界线要竖直地划在被注线上，并以细实线条划出，间距不能超过 2 mm。尺寸线是一条与被注线相平行的纤细的实线，一般在分界线外 2-3 mm 处，但是如果两条无关尺寸分界线非常接近，则尺寸线相互间没有分界，则所有的划线均不能用作分界线。测量点的起始与终止标志可用小圆点、中空圆圈及短斜线表示，以短斜线为最常见。与尺寸线呈 45 度角的短的对角线，是 2-3 mm 的中粗实线。分段的长度应当以数字标注，水平直线的大小应当高于尺寸线，垂直直线的大小应当位于尺寸线的左边。

若尺寸界限过于靠近时，可以在界限外标示出大小，也可以用引线标示。绘图上的尺寸单位必须是相同的，除标高及总平面图以米标注以外，其余大小都是以毫米标注。全部的尺寸必须超出图线的范围，不得与图线，文字及符号交叉。如果需要标记的尺寸很多，那么，图线上的两条平行的尺寸线应该按照它们的尺寸由大到小顺序排列，尺寸线到图样的间隔不能超过 10 mm，而两条平行的尺寸线的间隔应该是一样的，一般都是 7 mm 到 10 mm。每一端的尺寸界限要稍微长一些，而中间则要短一些，而且要规整。②对圆弧（圆圈）、角度进行标记。圆形或弧形的尺寸通常用内标，在尺寸数字之前要加上一个直径符号 R，或者一个直径符号 D，d。如果半径太大，则可以将其截取，如果半径太小，则可以将其截取。标记圆弧，弧长，角均采用箭头标志。③标高标注法。标高标注可分为两类。一是以一个特定的水平面上，比如一个房间的地板，为其起始零点，这一方法多应用在单独的建筑图纸中。标高标注是用细实线条画出的一个倒置的三角形，它的顶端应该指向所注的地方，这个倒置三角形的横向延伸用一个标注线表示。标高的数值须用米表示，并记至小数点后三位。二是以地面水平面上或某个基准点作为起始点计算零点，这一方法在一般的地形图、总体设计图中应用较多。标注方法与前一种办法一样，只是标高的标注要用黑色的三角画，标高的数值可以记录在小数点后三个位数。④斜度的标注。斜率通常用百分比，比例或比值来代表。斜度的走向以一个箭头指示，斜度百分比或成正比的数值须在这个箭头的一条直线上标注。以比例表示斜度时，通常采用倒三角标记，垂直边缘的数值通常表示1，水平边缘则表示比例数值。⑤曲线标注。对于一些简单的、不规则的曲线，可以采用截距（也叫座标）来标注，对于一些比较复杂的曲线，可以采用栅格方法来标注。在

使用截距方法进行标注的时候，为方便进行放样或定位，经常会选择某些特定的方向和地点的直线，比如将定位轴线当作截距轴，再用一组与其正交的等距平行线来对这些曲线进行标注。在使用网格法对比较复杂的曲线进行标注时，所选择的网格点的大小要能够确保对曲线或图形的放样的准确性，对于更高的精度，网格点的边长也要相应地缩短。尺寸的标注和线条是一样的，但是因为短线的开始和结束的标注是不同的，所以大小的开始和结束的标注都是以小圆点的方式出现的。⑥确定坐标轴的位置。在绘制园林建筑图时，为方便进行定位放线，并参考图纸中有关的信息，应根据规定的数字，将墙、柱等承重部件的轴线进行标注。坐标轴采用细点画，标号采用 8 mm 的圆圈，水平标号采用阿拉伯数字（1、2、3、……），垂直标号采用拉丁字母，自下而上标号采用大写。垂直标号不得使用 1，0，Z 这样的字母以防止与数字相混杂。⑦索引（index）。在绘图时，为便于查阅，对需要作详细注解和解释的地方，也应作索引。索引符号是一个直径为 10 mm 的圆圈，用水平细实线将圆圈一分为二，上边标有详细的数字，下边标有详细的数字。关于标准图册的索引，下面标有详细图册所载页数，上面标有详细图册所载页数，在引线上标有该图册的编号。若用标号标出剖面细节，则应用粗实线在剖面细节处标出剖面位置及方向，以粗实线所指的一边为剖面方向。所编入索引之详细图纸编号，须与编入索引之符号编号相符。详细图纸的编号通常用 14 毫米粗的实线圈写出来。⑧引出线（wire）引出线宜采用水平线或文字说明，可以在水平线的末端或上面写上。以 30 度，45 度，60 度，90 度的细实线排列，引线应对指数符号的圆心；一次抽出数条相同的导线，可以彼此平行，也可以集中在一条导线上。路面结构、水塘等多层注解时，共用引出线应穿过各层注解，文字可以在两端或上部注解，其次序应该与所解释的各层一致。垂直层级共用引出线的文字说明应该自上而下地进行注解，并且顺序应该与自左至右被注解的层级相同。

（4）字体写法介绍。图纸中的文字和数字是构成图形的主要元素，它们必须整洁，美观，清晰，易于识别。①汉字 -- 仿宋体和黑体字"宋体"是从宋体字演化而来的一种矩形字形，它的特点是笔划均匀、清晰，且便于写字，所以它在建筑设计中很受欢迎。黑体字，也就是所谓的"黑色方头"，是一个方形的黑体，通常用于题目和重点处。

字体格式：通常情况下，仿宋体的长宽比例是 3：2，每个字的间隔是四分之一，每个字的长度是三分之一。要想让字体排得整整齐齐，书写的尺寸也是一样的，在此之前，应该在图纸合适的位置上，用铅笔浅浅地打出一个方格，按照以上各种格式，将字体的数量和尺寸都留好，然后，再进行书写。

"图"，"醒"等全字应稍小一些，"一"，"小"等小一些的字应稍大一些，这样才能保证字的规整和对称。如此一来，就形成一个相对匀称的尺寸。②用拉丁字母表示数字。拉丁字母书写也是一样，要讲究笔划的次序，要讲究字形，但要讲究线条流畅，用笔要讲究平整浑圆。在一张图中，不论用汉字、数字还是外国文字书写，其变化的种类都不可太多。有些学生在图面上，甚至在一张说明上，或者在同一个标题上，经常变换着各种不同的字体，常常弄得图面杂乱无章，而他所"发明"出来的各种简体文字，以及各种奇怪的文字，都要加以制止。

字体的训练，要坚持。它的要领并不是很难，但是要想将其完全的把握住，并且能够对其进行有效的应用，却需要严谨、认真、反复和刻苦的训练，要懂得充分的利用每一个可以进行的机会，从而达到熟能生巧的效果。

二、平、立、剖面图的配景图例表达

"Entourage"一词来源于法文，意为"建筑周边"，"Entourages"一词在英语中又被赋予了另外一种含义，即"随从"和"陪衬"。还有，一词加在一起的"s"，在意义上是"复数"，也就是"很多"，在此可以被解释为"以环境气氛为主题的设计者"。在对背景的处理上，设计者与作者所进行的绘画作品有很大的区别，设计者所关注的重点应该是作品的题材，而不是精细的背景。在此，关键是要掌握一套配景搭配的程式化方法，以确保可以勾勒出背景气氛来衬托主题，以免出现手足无措，无处下笔的窘迫局面。这是因为，学习配景的重点不是配景，而是应用。

（一）植物图例表达

在各种环境图景的表现中，树木是最主要的配景。树木的品种很多，它们的树枝和叶片参差不齐，相互缠绕，有疏有密，形状千变万化，很难表达。但是，所有的树都有一个共同的特点：它们必须有一个主干，从主干上长出树枝，从树枝上长出树叶；而树枝则与主干的总体形态背道而驰，主干与冠层之间的反差，则构成整个树的总体形态。因此，在绘图之前，一定要对所要表现出的树的外形特点有一个深入而清楚的了解。要对其进行细致的观察、分析和研究，从树干的特性到枝条的构造，从树叶的形态到整个树冠的形态，要对其进行全面的观察、分析和研究，才能真正把握其形态的特征，并总结出能够表达各类树种的基本特征的简洁的等高线，并且要让它们与树种的特性保持一致。比如，松柏类树木可以采用分段式的方式来表达叶片，而阔叶类树木可以采用块状的曲面来表达叶片。必须指出，不管是哪一种树，它的绘画都必须与周围的景物协调一致。

（1）图4-3所示为平面图中树木。①表示树的平面符号。在平面图设计中，树被以圆形的形式表现出来，并带有一些线段的变化，代表树冠线。符号可以是简也可以是繁，最简单的可以是一个具有象征意义的圆圈，最复杂的可以是树木、树枝和树的形态相互缠绕、交织成的图形。通常情况下，人们经常使用的是通过变化线条画出的圆圈来表达，以此来区分树木种类。在方案图纸上，只要能为项目建设提供参考就行。所以，所表现的符号要易简洁清楚，能够区分出各种树木的种类，直观效果强就行。

②关于树木种类平面图的表示。树种，用树冠线条的平面符号来标示。对于同一张草图，对于不同类型的树种，其冠线的平面标志应该采取不同的线形变化来绘制；同一树木的种类，树冠线的平面符号还应该同时进行直线的改变。不同种类的树，其表达方式并无特定的规范。所以，对树冠线图形中变换的线条，通常都是以所表达的树的叶子形态为依据，加以推敲、抽象、简化。③画出一幅树型平面图。在规划中，用树冠线条的平面符号来表达树的外形。对于一些具有规律性的变异树木，通常用一些具有象征意义的线画出一个圆形，并以此为冠线的平面符号；对于外形不规则的树种，根据某种理念，画出具有不同规律的冠层线条的平面符号。④树木大小的平面图表示。不同的树，有其主干大小，树冠大小以不同，甚至同一棵树，因年龄的差异，其主干大小，主枝形状都有差别。树的尺寸，一般以树冠线形图的尺寸来表达。对一棵树或者是同一种类的树木，其成型效果应该以设计意图、图纸用途、图面要求为依据，但是要以一棵树应该具有的树干和树冠直径为依据，按照一定的比例绘制出。

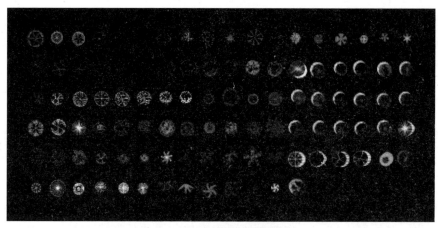

图 4-3　树木平面图常用图例

对于图中树的成型效果，如果没有特殊的需求，一般会根据以下一些方面来决定。

a. 若要表现施工时的成型效果，则应以幼苗出苗时的规格作图。通常在树干直径 1-4 cm 处，树冠直径 1-2 m 处。

b 如果代表的是现状树，那么根据现状实际成形效果，按比例对其进行表达。

c. 对于原有的大树和孤立的树木，可以按照图纸的表现要求，适当地画出更大的树冠直径。

（2）在立面上，剖面上对树的描述。树有很多种，每一种都有自己的风格，每一棵树的形状，树干，树叶，质地，都有自己的特色，有着天壤之别。树木的上述特征用表示树木的平面图无法体现出来，而用树木的立面和剖面图则能更准确地体现出来。在立面、剖面图中，利用对树冠形状、树叶特点、树木枝干的组合和尺寸、树木的粗细、形状和长度等特征的描述，可以更好地体现出树木的特征、树枝的形态、树叶的形状及树冠的轮廓等特征。在立面图上绘制树的方法，可以是将实体作为对象来绘制的素描方法，也可以是仅突出树冠的外形，忽略细节，或者在细节处加上装饰线（相似的图形）来绘制。

（3）如何表达灌木丛和花朵。与乔木相比，灌丛是一种没有显著主干的木质植物，其低矮、接近地面、形态多样、单株和片状生长较多。所以，在描绘上，灌木与树是类似的，但又有各自的特征。

株植灌丛采用与乔木在平面图表示时有相似的表达方式，用不同长度的直线在冠层上划出一个具有象征意义的圆形，作为冠层的平面符号，而在冠层中央划出一个"黑点"代表栽植地点，而对于丛生的灌丛，用不同长度的直线代表其冠层边缘。在绘制过程中，每棵树的外缘以粗实线为主，每棵树的具体位置以黑点和细小的实线相结合来表达。在绘制树冠线时，要小心不要出现交叠和混乱，通常是把大的树放在小的树顶上，而把被大的树顶住的那一段不划掉，对于常青的灌丛，要在树顶上加上45度的细斜线。

（二）人物、车辆及指北针的表达

1. 人物

人的身体是难以掌握的，很多专业的人物画师都要穷其一生去学习。而在室内、室外的景观设计中，人物起到辅助的重要作用，起到传达场所规模与氛围的重要作用。所以，对于设计者来说，把握人物整体运动的特征和群体在作品中的聚集与消融，就显得尤为重要。从研究的方式来看，重点是要把握"中景"的技法。在这个基础上，再深入了解怎样对中景人稍微描绘细节而变成近景人，稍微笼统而变成远景人的表现方法。

在描绘人体结构和形状时，我们可以把人体看成是由几个部分组成的整体。人体各个部位都有一个"比例"，这种"比例"是绘画成功的重要条件。在通常情况下，配景画中的角色，最多的是站着或走路。基础站立姿势的作画方法可分为正面作画、侧面作画和背面作画。走路姿势作画是在站立姿势作画的基础上，稍微调节一下手脚的动作就可以了。对于远景来说，通常都是以站立的姿势，所以用笔要简洁些；至于那些近景的人，就是着重表现他们的穿着打扮。而前面那些可以看得清楚的人物，则要视图而定。

2. 车辆、天空

"车"是一种具有工业化特征的产物，其形态随着时间的推移而不断地发生着改变，但是在其功能构造与体积关系方面，到目前为止，其形态仍处于比较稳定的状态。在进行汽车造型时，要重视汽车造型的两大特征：一是"流线型"，二是"水滴型"。

车身的流线型设计使得车身的外部外形呈现出一个圆形的拱形，而"水滴形"设计则使得车身的前部较矮，后部较高，窗户则略微往前倾。简而言之，在绘制一辆汽车时，要掌握整体的形状，然后根据不同的车型，对车身的倾角进行局部的调节。

车的绘制方法分以下几个步骤。

第一步骤：通常可以把汽车侧面的栅格纵向分成三个等分，水平方向分成四个等分。长度 3.76 米，高度 3 米。

第二步骤：车头 16，车子的前车窗是朝后的，后窗宽度大约是 0.56，稍微往后靠，车子的底盘距离地面是 0.5 a。

第三步骤：轮子的上缘距离地面大约 1.5 毫米，轮子的一侧稍微凹进车体，而不是和侧板平。

第四步骤：防撞杠延伸，底部略微收缩，并绘制细节。

对于新手来说，车辆经常会在半空中"飘浮"、变形等现象，其原因就在于没有按照显示图中的立体关系，合理地设定车身网格线和车身尺寸。因为在显示图表中因为车子都很小，所以各种型号之间的体积差别很少，所以当我们绘制车子时，稍微注意一下，就会发现车子的种类是以车头为主。搜集更多关于前脸细节的数据，有助于展现更多配景的车型。

户外环境中的天空，船只，火车，飞机等也经常在绘图中出现。除此之外，还有地面，水面，花瓣，路灯，喷泉，雕塑，远山，建筑小品等等。

因此，室内和室外配景作画方法不仅是对人物、车辆和树木等配景物进行一一呈现，更是对它们之间的结合方式进行研究。很多时候，学生都觉得背景很难绘制，以为只要把背景画出来就可以了。事实上，如果没有一个好的背景，整个绘图都会大打折扣。而在表示图里，背景虽然少，但是向观者传递的信息却非常丰富。

第二节 环境艺术设计方案表达的基本形式

一、环境艺术设计的推敲性表达基础

（一）草图表达

在设计概念的初始阶段，就是对设计概念的"勾勾画画"，称为草图，它是设计师寻找灵感，开启思维的起点。设计图纸并非最后定稿，一般也不会交给所有者，而是设计师用于记录思维过程，对设计方案进行审阅，并与设计小组进行交流的手段。正是因为这个原因，草图并不要求把所有的细节都描绘出来，而更多的关注于整体的概念，空间的关系，形状，创造力等等。例如，瑞士建筑大师伯纳德·屈米在法国巴黎参加一场关于拉维莱特公园的国际设计比赛，他考虑九个不同的想法，最后选择了"Follies"这个项目。一大片草地上，整齐地排列着一排排如同棋盘一般的红色框架。他相信，二十一世纪的都市公园，应当以不同于以往的方式，以建筑为媒介，提升法国在世界上的威信。按常规来说，他的作品算不上"建筑"，更像是一幅"由一些有意思的零件组成的作品"，然而，就是这个创意让他赢了470份参赛作品。自然，假如在一个设计方案中，设计师想要彰显出某种创意性的细节，并将其用作整个设计的亮点，那么就必须在草图上对该设计部分进行清楚而恰当地夸大。

草图的表现方式有很多种，比如铅笔，钢笔，针管笔，马克笔，彩色铅笔各种工具，要能够迅速地将心中一瞬间的想法表现出来，不要被束缚在线条和平面上。不管是哪一种表达方式，都要注重艺术的美感。

（二）方案研究性模型

方案研究模式之应用，其目的在于对研究设计之方案进行剖析，并展示设计结果。相对于草图的表达，方案研究模式更加真实，直观，具体。因为其在3D空间中的表现能够进行全面的观测，因此，在表达空间造型的内部结构和外部环境的联系上，方案研究性模型的作用尤其显著。

环境艺术设计具有强烈的"过程性"，其设计工作在各个时期具有各自的侧重点。根据这一点，可以将方案探究模型的制造划分为两个阶段：①构想阶段，该模型可以不具有任何特定的形式，而是由几个或若干个点、线、面、体所组合成的构成关系。这个阶段的模式，可能是对整个环境的布置作一个概括性的构思，可能是对建筑物的外形进行一个大致的造型，可能是对多幢建筑物的空间定位进行分析，可能是对整个环境的空间形式进行分析。②制作阶段，重点在于构建并完善整个设计的总体结构，如：节点，建筑立面，内部空间的细节等，可以暂且不考虑。在设计方案的总体关系已经基本确立之后，就可以对方案进行更深层次的探索，在进行研究性模型的表现时，也要跟着设计的进度，用3D的实体形式来表达设计方案，便于对设计方案展开分析。

当然，这样的研究模式也存在一定的缺陷，比如受规模大小限制，观测视角大多是以鸟瞰视角为主，过度强调五立面（屋面）在建筑中的位置和功能，容易产生误导。除此之外，因为特定的操作技术存在着局限性，所以在对模型进行详细的细节的表达上存在着一些困难，这也是在进行方案设计时需要考虑到的问题。

（三）计算机辅助表达

计算机以其人性化的人机接口和强有力的分析模拟，检查，修改，复制等能力，为设计者创造了一个巨大的创意的天地。在辅助环境艺术设计语言的表达过程中，计算机能够将建筑的形象、室内外空间环境、城镇规模与环境空间的关系以及物体的质地、光影、色彩，甚至是动态效果进行真实的呈现。比如 SketchUp（也叫"草图大师"），这是一款专门用于建筑园林领域的三维模型制作软件，因为其速度快，使用方便，受到业界的青睐。

CAD 能刺激设计者的思维，有助于开发出最初的设计理念；而且，设计图还可以用线框的方式呈现在屏幕上，这对于设计的体量和空间都是非常有利的。与推理模式相比，计算机辅助表达的首要优点是速度快。此外，它不仅能够实现对传统手工绘画绘图、图形设计及建筑 JSI 的快速准确的表示，还能与动态影视表现相融合。把所希望的图案和周围的艺术效果结合起来，

依照电影，动画的表现模式进行连续的、多角度的、多层次的播放，更有利于对方案的论证与表达。

随着计算机在设计中的运用日益广泛，很多的设计初学者也逐渐陷入不作为的困境，他们拒绝进行草图训练，拒绝进行手绘训练，还理直气壮地引进计算机作为论据，认为手绘慢，都要等到计算机来处理，甚至到了本末倒置的程度，把最初的创意阶段也用键盘和鼠标随意点来。这是一个误解。

在这里重点指出，千万别让"电脑"控制了"人脑"的思想。没有好的创意，没有扎实的绘画基础，没有良好的美学修养，所绘制的图形在表达能力和艺术性上都会受到极大的"缩水"。所以，要对计算机辅助表达的功能有一个准确的理解，在环境艺术的创造过程中，对其进行合理、适当的应用。

（四）综合表现

所谓的综合表现，就是在设计创意的整个过程中，要根据不同的阶段和不同的对象的不同的需求，来灵活地使用不同的表现方法，从而提升方案的设计品质。为了将其整体关系、环境关系表现的优点充分地展现出来，而在方案的深化过程中，可以使用草图来展现出来，从而展现出其深刻描述的特色。

二、环境艺术设计的展示性表达基础

展示性表达是指将设计者的作品完整而准确地展现出来的一种表现方式。有很多"载体"可以表现出一个好的设计，其中最常见的就是三视图，施工图，效果图，展示模型，文字说明等，如图4-4，是原画设计场景组件客家土楼三视图与效果图。

（一）三视图

三视图包括正面，侧面和俯视面。三视图是一种从感觉到理智，从徒手到尺规制图（或计算机制图）的一种重要手段，见图4-4。因为三视图是三个从各个角度观察到的对象，根据严格准确的比例尺，符合绘图准则等。所以，三视图是从艺术构想表达走向施工标准的一种思维表示，它是将设计构想付诸于工程实践的一种图面语言。

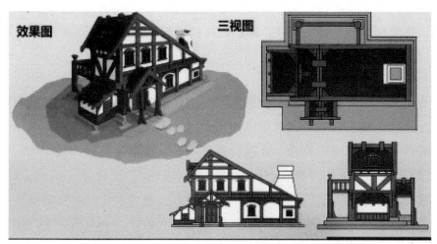

图 4-4　原画设计场景组件客家土楼三视图与效果图

（二）施工图

不管是草图也好，效果图也罢，它们都属于方案阶段的一种表现形式，要想对设计进行深入的研究，并将其转换成可以直接引导施工的图纸，就必须要有一种能够绘制施工图的技能。确切地说，施工图是一个从工程开始到工程完工的技术工作。如果说设计草图或效果图具有一定的艺术性，其线条、笔触、构图、色调能够在一定程度上体现出设计师的绘画功底和艺术素养，那么施工图则是注重准确性和规范化。从图幅尺寸、版式、线条类型到标注方式、图例符号等，都要对其进行严格的遵循，不能有任何的随心所欲，也不能凭空捏造。

施工图纸是根据"设计物"的外形或总体布局，结构体系等的总的方向，着重于材料，技术，工艺措施，细部构造等细节的设计和表达。施工图应该包含总平面图，部分平面图，立面图，剖面图，节点大样图，部分构造细节图，以及相关的各类辅助图和指示。因为施工图是一种将艺术创造设计所形成的形象与空间环境，经过技术手段，变成了真实中的物体形象与空间环境。因此，它也是一个由理想向实际转变的过程。所以，在进行具体的绘画和表达之前，需要对材料制作工艺及内部的结构关系展开分析、研究和计算，设计人员还需要对具体施工过程中的技术、工期、造价、安全等一系列问题进行衡量。工程图纸必须是准确的，这样才能使设计最后平稳地变为实际，才能防止出现意外，引起不必要的损失。环境艺术设计、建筑设计、公共艺术设计等设计专业，它们都是利用工程图的表达方式，将艺术设计从概念逐步过渡到实际项目的实现。

现在，施工图纸基本上都是用 CAD 和天正等计算机辅助设计的。可见，施工图对设计的表现起到了很大的影响，而建设者则会根据设计者画出的施工图纸来进行施工。所以，每个细节的位置，尺寸，颜色，材料，施工过程都要画在施工图上。

（三）效果图

效果图是设计者对设计意图和概念的直观表达，具有自己独特的特征和优点。其中之一就是设计的直观。效果图是将设计意图最直观、形象的表现形式，也是最直观地向观看着传递设计意向的途径，让观看者可以更好地理解并确认设计师的想法和观念。另一个原因就是效果图的普及。在设计界，效果图成了"通行证"，或成了行业内"货币"，各种形式的流通非常便利，以至于大家都有一种"要让我看你的设计，那就等于是看效果图"的感觉，没有效果图，就意味着没有设计。渐渐的，一开始只是设计师创意的一个阶段，或者说是一种设计方案，但现在，它已经成为了一种"代言人"，成为了一种设计方案成功的必要条件，成为了一种设计竞赛中关键的因素。因此，其绘制的效果好坏，表现在绘画技巧上，就显得更为重要。一般情况下，设计中的效果图可以分为如下。

1. 依据表现工具分类

效果图表现的工具很多，手法也很多。根据使用的设备，可将其划分为手工绘制和计算机绘制。计算机效果图指的是利用 3D、 Photoshop 等软件，制作出与计算机有关的环境仿真图。

手绘效果图指的是运用透视的原理，通过各种表达工具（比如彩色铅笔、马克笔、喷枪等），在图纸上展开创作，从而将设计的期望的环境效果呈现出来。当前，也有一些设计师试图将计算机与手绘相结合，使用相关软件，在手绘的透视图上对其进行着色或呈现，并且还获得了比较好的结果。

（1）手工绘制的效果图。在初稿结束后，设计者通常会画比较详尽的手绘效果图，以使设计的要点和重点能够清楚的表现出来。手绘式效果图的一个功能是可以让设计师对空间有一个更加清楚的了解，找出在空间设计中的缺陷，找出在设计中的比例和规模上的问题，以便进一步的深入设计和进行必要的修正；并帮助各设计小组就项目中存在的问题和缺陷进行交流。手绘效果图的另一个好处是，大部分的业主都不具备相关的专业知识，他们很难从阅读平面图、立面图等专业性较强的图纸中，联想出一个空间的形象。但是，手绘效果图可以更加直观、生动地反映出空间的特征以及设计的意图，有助于业主了解设计师的意图，进而推动双方的交流。手绘的效果图有很多优势，比如工具简单，绘制速度快，便于携带，可以很好地表现出自己想要的东西。但是，用线条、颜料和马克笔等工具画出的结果，缺少一些真实感，所以，如果不是专业的人，很难精确地掌握到将来的空间到底是什么样的。手绘效果图的表达方式有很多种，有铅笔、针管笔、马克笔、彩色铅笔、水彩、水粉、透明水彩、色粉等。在表述方式上，可以视表述意图而定，强调重点。例如，可以着重于对环境空间的表达，或者是对颜色的对比关系的表现，或者是对整个氛围的渲染，或者是强调一个独特的结构创新。手绘效果图是一种非常关键的职业技巧，它的技术水平与表达水平，将会对设计师是否能够成功地运用"图纸"的形式来传达自己的设计意图以及是否能够成功地对一个工程的成功起到很大的作用。

（2）计算机效果图。在目前的环境艺术设计中，电脑效果图是应用最广泛和最受欢迎的一种设计表达手段。首先是 3 DS，也就是 3 DMAX 的原型，然后是 3D Max. XX，同时还有 Photoshop 的原型，Photo styles，这才有了后期制作的可能性。自此，设计图纸逐步实现了计算机化。因为它的表现效果比较逼真，所以不管是专家、项目的老板、投资商，或者是其它不熟悉它的人，都可以从计算机效果图所模仿的情景中，去想象出一个现实的情景。目前，计算机特效设计在表达上也趋向于更加细致，有些人更愿意尽量呈现出一个真正的环境空间情景，并且试图对情景中的每一个细节进行逼真的重现；有些人喜欢用更系统、更抽象的方法来表达。设计人员可以针对各种需求，采取多种方法。比如，在进行家居装饰工程的设计时，大部分的客户都不是专业的设计师，他们非常关心自己将来的"家"会变成什么样，这时候，使用一张具有一定真实感的图纸，更有利于他们理解最后的设计结果。然而，在某些国际比赛或概念性设计工程中，使用概念性的、模型化的计算机效果图，更能将设计者对环境、建筑和空间本质的创造性思维和其特有的表现意图完全展现出来

2. 依据透视角度分类

（1）人高透视图（一点、两点透视）。人高透视图是以施工图、空间透视原理和绘画手法为基础，在二维平面上设计并表达出事物形象的三维体量及空间环境关系，以人的视平线高度为基础的三维视觉效果图。而在图面上呈现出来的效果更接近于一般人所看到的景物的视角，具有一定的亲近。在人高透视图中，按照视点所选的视角以及视角中的灭点数目，可以将其划分为两个类型：一个是一点透视图，一个是两点透视图。

（2）鸟瞰图，仰视图（三点透视）。无论是鸟瞰图还是仰视图都是三点透视。鸟瞰图是在总平面图或平面图的基础上，从设定的空间高度之上，选择一定的角度俯视设计物和空间环境所得到的视觉画面。鸟瞰图，也就是顶视图，被用来展示在大的

环境中，设计者的整体布局、地理特征、空间层次、结构关系等一系列的特殊的设计，是一幅展现了环境艺术设计整体关系的效果图。仰视图指的是在总平面图或平面图的基础上，从设定的视平线上定好视点，选择一定的角度仰视设计物和空间环境所得到的视觉画面，它适用于表达高耸的视觉效果。

（3）轴测图它能体现出整个环境与艺术的关系。与一般透视规律、具有创造鸟瞰图的优势相比，它具有可以方便地绘制出来的优势。但是，它是一种在三维空间中，具有一种特殊的轴测投影画法，它也会发生畸变，产生不理想的视觉效果。

（四）展示性模型

把创意设计的理想状态，按一定的比例尺关系进行缩小，利用不同的材质，形成有空间效应的立体模型，是一种表达方式的立体化。工程图的真实模拟具有明显的手工特征，直观、真实、可信度高等特点。所以，其应用范围也很广。展示性模型通常被应用在商业展示和展览会（地产会）上，这种类型的模型的目标是将环境艺术的设计以非常直观和具有一定艺术性的方式呈现，尽量将设计的最后结果呈现在观众面前。这种模式要注意到场景中的每个细节，从总体的计划，到建筑的外墙，再到地点的地势，再到绿色的水域，甚至是汽车、灯柱等的配景，都要尽量让它们栩栩如生。一些展示模型还通过灯光，声音效果等来加强他们的表现效果。

第三节　图纸设色的方法与要领

一、图纸设色的方法

所有用颜色来表达的绘画，其对颜色的认识基本相同。但是由于不同的绘画材料，不同的绘画功能，不同的绘画特性，在颜色表达上的需求也不尽相同。油画、水彩、水粉等纯绘画类的作品，以观赏为目的，在色彩的表现手法上，主要利用色彩的色相、明度、纯度、冷暖关系及色彩和谐等方面的知识，来进行素描或创作。在达到和谐的条件下，在一幅作品中，颜色中的补充色以及冷暖反差色的使用技巧的高低，都是一幅作品中颜色的成功与否的重要因素。

无论是宣传画还是商品广告，它们的目标都是十分清晰的，在画面选择上，以鲜艳强烈的色彩为主要内容，抛弃大量的中间层次的色彩，并运用夸张对比的造型艺术手法，来激发观众的感官和心理，以获得理想的效果。大多数的工艺设计都是为了产品或商品而来，以各种种类为基础，它们通常使用明亮而引人注目的颜色，并采用稍微有些抽象或装饰的手法，通过色块、线条和晕染等手段，来激发人们对它们的视觉共鸣。

室内和室外的效果图是专门为环境艺术设计设计方案服务的。它的造型接近于写实，但是它的表达方式却是同时具备绘画和工艺设计的双重特征，颜色也需要在写实、抽象和装饰三个方面创造出最好的表达方式。在这个过程中，应该追求颜色的简单和和谐，抛弃那些复杂的、具有强烈刺激作用的色彩效果，注重对冷暖颜色的运用，并将补色因素进行简化。

室内室外的效果图应该在统一和谐、柔和单纯的观念中寻找色彩，用适当的色彩来表达其设计的主体。

（一）色调

色调，是指一张图片所呈现出来的整体色彩效果。这种颜色效果，是通过对一种或几种颜色的总体进行处理而形成的，使得画面上的多种颜色在多种颜色要素的交互作用下，形成具有显著倾向的色彩感。

因为地区种族、文化信仰及习惯等的差异，所以在不同地区，人们对于相同的颜色或色调的感觉也是不相同的。另外，颜色和色调还可以给人带来各种气氛，使人产生心灵上的共鸣。在颜色上，以红色，橙色，黄色为主调，使人感觉到热情，繁荣，富丽，奢华；冷淡的青色与蓝色构成的色彩，给人一种清新，宁静，抒情，优雅的感觉；以绿色，紫色为中间色的主调，表现出温和，丰富，朴素，宁静。

有了这种感觉，我们就可以从大体上对色彩的使用进行判断和分析。

政府行政机构，办公室，纪念馆，纪念碑等场所，具有庄严而又庄严的特点，颜色适宜采用暖和或灰色的色调，以体现其庄严端正或威武伟大的精神。在商场、歌舞厅、娱乐场等地方，由于是一个充满热情和活力的地方，可以采用比较温暖和鲜艳的颜色，来表现出它们的生机勃勃或光鲜亮丽的特征。住宅、别墅空间是人们居住和休息的场所，其色调可以选择比较冷清的鲜艳的颜色，来创造出安静清雅或者是温馨宁静的环境。有些主题博物馆，比如自然博物馆、地质博物馆等，它们是让人们汲取知识的地方，色彩可以选择暖灰色，这样才能将丰富博大、沉稳和谐的含义表现出来。

在人们的生活中，卧室和客厅的作用最大，它的作用就是休息，因此，它的色彩可以以中性的颜色为主体，这样可以让人在睡觉的时候，感觉到温馨、舒适。条件允许的人，亦可随时令而变换房间的色彩，如冬冷夏暑，温度相差甚大，冬天的家具由暖色为主，夏天的装潢由冷色为主，那将是一种别样的氛围。购物中心的内部环境，人与货并存，人流穿梭，商品层层叠叠，色彩宜于温暖，以中色为主体，与绚烂夺目，丰富繁复的商品相互映衬。KTV的外表已经五彩斑斓，内部可以选择偏冷的色调，在光线和色彩的变化下，营造出一种迷离和神秘的气氛。

这些都不是定式，都是常识。色彩除与以上几个方面有关之外，还要与建筑物所在的地域、周边环境等方面的联系相结合。因此，要根据不同的地点不同的情况来选择，这样就可以达到最完美的效果。对色彩与色调的认识如果正确地应用，就会产生无穷的吸引力，直接地冲击人的眼睛与心灵；但是，如果过分使用色彩，就一定会产生粗糙、平淡、不真实的结果。

（二）谐调

谐调就是和谐，要想实现和谐的目标，就应该恰当地利用色彩的平衡、对比和照应的知识。

1. 平衡

平衡指的是将各种颜色的特性，包括明度，纯度，色相，按照它们在屏幕中所占据的区域进行相互对比；同时，将不同颜色中所包含的冷热因子以及它们所属于的性质（如华丽、朴素、光滑、粗糙等感觉），也在画面中加以对比。在这种对比中，有些情况下，每一种颜色在整个图像上所占据的区域都差不多，包含的各种因素和质量也都差不多，也就是等量齐观的对比，那么颜色就一定是平衡的。有的时候，在画面上，各种色彩所占据的区域有着很大的差异，这时，就需要在不同的区域中，对色彩的明度、纯度和色相的比例进行调节，从而改变其品质，让大区域的色彩对比、品质减弱，而小区域的色彩对比、品质加强，从而也可以获得一种平衡的效果。

2. 对照

在画面颜色达到平衡时，要找到其对照，并通过处理，达到和谐。此法是指在不同色彩的因素和质量优劣差别很大的时候进行的一种比较，例如，明暗相较就是采用大面积的亮色围绕着小面积的暗色，或者是大面积的暗色围绕着小面积的亮色。再比如冷暖反差，采用一大片冷色环绕一小片暖色，或者用一大片温暖的颜色来围绕一小片寒冷的颜色。也可以使用纯与浊、明亮与淡雅等反差方法，以使这种反差的整体效果得到协调。

3. 照应

照应就是颜色和颜色之间的相似关系。这就需要，在屏幕上，某些颜色是以总体的方式支配着整个屏幕，还是以分散的方式分配着整个屏幕，不管是以总体的方式还是以分散的方式分配着，它们之间都存在着相互的关系和依赖的关系。因此，画面中的颜色必然是互相联系的，因而构成了主要的颜色；只要确定了基调，整个画面就会变得和谐。平衡、对照、照应是寻求颜色谐调的三个因素，当颜色已经调和，色调就会自然而然地出现。

二、绘图程序

（1）良好的工作环境和整洁的工作空间有利于提高绘画的心情；为了让制图者更容易使用，必须把所有的制图工具都准备好，并且放在适当的地方。

（2）要对室内、室外平面图的设计展开深刻的思考和学习，要对委托者的需求和期望有一个全面的认识，比如要对其进行经济上的衡量以及对材料的选择。

（3）要依据所要表现的内容，选用相应的表现方式，透视方式，角度等。比如，是否使用计算机图形化或手工绘制；你是要选取一点平行透视还是两点成角透视。一般情况下，应该选择能够最好地体现设计师目的的方式和视角。

（4）利用计算机来表达：依据所需的软件，并根据真实的大小来构建情景和建模，可以使用 3D Max、3D Home、 SketchUp 等辅助软件。用手工作画：用素描或透明性好的拷贝纸绘制的原稿，并精确地描绘出全部对象的轮廓线。

（5）利用计算机实现：依据所要实现的目标，对模型添加材料，在虚拟环境中设定照明。运用手工绘制来表达：依据所运用的空间中的功能性和内涵，选取最适合的表达技巧。比如，从情境气氛入手，是选用无穷魅力的水彩画来表达，或选用超现实主义的画笔来表达，以凸显质地的颜料来表达；根据作品提交的草图日期，确定是使用快速马克笔画，还是使用其它细致的画法。

（6）用计算机呈现：按需选用适当的呈现软件（例如 3D Mas，Lights cape，V Ray 等）来呈现一个场景。以手工绘画来表达：以从总体到部分的次序进行绘画。要把握好总体的色彩运用，用笔的粗犷，收放自如。局部谨慎，笔锋沉稳，注重收束。

（7）用计算机表达：将绘制好的画面，选取合适的视角，输入到 Photoshop 中进行最终的画面效果。用手工绘制的方法来表示：根据透视图的原稿进行修正，特别是用水粉画的方法，因为在绘制过程中，它的轮廓很容易被遮住，所以必须在绘制之前进行修正。

（8）用计算机表现：在计算机上打印出一个虚拟场景，并把它装订起来。用手画表现：根据透视图中的画风和色彩，选择装裱方法。

三、各类表现技法的要领及常见错误

（一）手绘

如何提高设计效果，是环境设计一个很关键的问题。通常来说，在平面、立面等二维平面图的基础上，要形成一个立体的平面图。其次，是立体效应的图像表达。从二维平面到 3D 空间视图（通常使用具有远近关系的视角），要了解透视图画法的原理。

当然，在进行快速设计的过程中，并不一定要对全部的设计细节都按照严格的几何制图方法进行透视的转化，但是可以将重要的、决定性的内容或重要的辅助定位线，用透视作图方法准确地求出一部分的细节，这样就能够按照透视效果的规则，将其迅速地、直观地表达出来。这样就能在更少的时间里，把整个立体图的构架都做好，把更多的时间留给其它的设计环节。

通过透视图，可以勾勒出建筑的空间与立体的主要构造联系，从而形成较为完备的建筑形态框架。但是，这只是一种空间的联系，要想在材质、空间效果和整体氛围上有进一步的体现，还必须通过一些绘画技巧来体现。

1. 铅笔表现方法

在一切表达方式中，用铅笔表现是最基础的一种方式。尽管一支铅笔，只能用来表现黑白灰色之间的反差，但也可以用来表现出超乎寻常的效果。绘画用的铅笔按照其软硬程度来划分，H 代表的是铅笔的硬度，分为 1 H 到 6 H，数值愈大，其硬度愈高；B 是指一支铅笔的柔软程度，从 1 B 到 6 B 都有，且数值较大，说明其柔软程度较高。H、2 H 和 HB 三种颜色的绘图铅笔，通常用于打底稿和画草图，2 B 到 4 B 用于画比较暗的地方或带灰色的地方，5 B 和 6 B 则用于画比较沉重的地方。不同种类的铅笔所表现出来的效果都不一样，在用笔的时候，需要进行更多的训练，更好地理解和掌握各种笔触和效果的协调，这样才能让这幅画获得一种既精美，又不失一种概括写意的艺术状态。在速写设计中能与设计创造相结合的笔触手法，给人一种朴实质朴的美感。

2. 钢笔表现方法

钢笔表现是一种墨水通过钢笔来表现设计效果的方法。与铅笔表现的区别在于，钢笔表现出的黑白、明暗对比更为明显，而在中间的灰色区域，更多的是要通过用笔的排线和笔触的变化来达到。尽管整个图案只有单一的颜色，但能产生各种明暗调和纹理的效果，具有很大的视觉冲击。在进行快题设计的时候，可以使用具有各种规格粗细的针管笔（从 0.13~0.15 毫米等较细规格到 0.5~1.2 毫米等较粗规格），通过笔触的粗细的差异，来实现对不同效果的表达。钢笔的表现也能与彩色铅笔、水彩等技巧相配合，从而创造出具有更多表现力的艺术效果。

3. 彩色铅笔表现方法

彩色的铅笔。在快速设计的表达上，通常使用的是可溶于水的彩铅。其整体特征为：使用简单，不容易出错，线条纹理鲜明。通常有 12 种颜色，24 种颜色，48 种颜色等多种颜色的组合。因为彩铅的笔触较小，因此，在进行大范围的绘画时，要注意深度的绘制所需的时间。通常也与一支笔或一种淡色颜料搭配。

4. 水彩表现方法

水彩是一种具有很高的艺术表达能力的绘画方法。可以独立地完成表现，也可以与其它的表现工具，例如钢笔等。此方法应用于快速的设计表达，能迅速而富有感染力地传达出设计的意旨。要关注的是，水彩的运用，对纸的吸收有一定的需求，所以要选用更厚实的水彩纸。

水彩渲染的基本步骤如下。

（1）将透视草图绘制到利用水彩笔绘制的图纸上。最好的方法是将画好的底稿复制到正图上，这样可以防止在绘图纸上，因为多次使用橡皮擦改变图面，导致纸面肌理遭到破坏，进而对水彩画表现的效果产生不利的影响。

（2）首先在大范围内铺设浅色背景，以确定图案的主调。

（3）将该设计作品的主体部分表现出来。通常情况下，从浅到深，从明到暗。

（4）要对一些重点表现的细节展开深刻的描绘，但是要小心，不能主次不分，也不能平均对待，要将画面的总体效果掌握好，要将画面的主次、远近、明暗关系协调好。

5. 水粉表现方法

水粉法是一种常见的快速设计表达方式。水粉所呈现出的颜色要比水彩所呈现的颜色更为鲜艳。水粉颜料的粒子比较粗大，并且有一定的覆盖能力和粘合力，所以它的优点是可以多次重复上色，并且易于更改。

水粉对于纸的需求比水彩要少，所以对于快速设计的画稿选取有着更大的适用性，起到辅助作用。在色彩上，通常按照先暗后亮，先深后淡的次序，也有可能相反的次序。要注重画面的层次感以及各种颜色之间的厚薄、干湿变化。

6. 色粉表现方法

色粉画（粉画又称粉笔画）是用特殊的干燥颜料笔，在纸张上进行干绘制而成的一种特殊的艺术表现方式。它不仅具有油画的凝重和水彩的轻快，而且具有简单易行和别具一格的艺术魅力。色粉绘画具有造型、晕染等独特的特点，其颜色丰富绚丽，清新典雅，最适合于描绘形态各异的事物，例如皮肤、果实等。在工具上，不需要油和水等媒介的帮助，可以像使用铅笔一样，直接绘画；其调色方法是将各种颜料相互摩擦，以获得所需要的颜色。颜料是由矿物颜料组成，因此颜色稳定，色泽鲜艳，色泽饱满，持久不退色。用色粉绘画来表达效果，虽然在国内并不十分流行，但是其表达物质纹理的能力却是无可争议的。

色粉笔颜料是干燥和不透明的，轻薄的色彩可以与深的色彩相结合，不用害怕深的色彩会损坏。在较暗的颜色上加上较亮的颜色会使颜色有明显的反差，即使是纸自身的色调也能与图画中的色调相融合。要对色粉进行定位，一定要使用一种特殊的油类颜料，还可以使用一种透明的玻璃片（纸张）对画布进行保护。使用色粉作画应注意下列问题。

（1）笔触和纹理。因为色粉的线比较干燥，所以适用于多种材质的纸。要对纸张的质感及纹理进行充分的利用，一张有纹理的纸可以让色粉笔覆盖其纹理凸处，但是凸凹纹理却可以用更多的色粉，通过擦笔或手搓来将其填满，所以，纸张的纹理决定了绘画的纹理，适当地利用纸张的纹理可以有效地增加画面的艺术性。

（2）在色粉画中，纸张的颜色也是非常关键的，因为色粉表现的一个特征就是有亮调子覆盖深色背景的能力。

（3）用手指，布料来调整颜色。布，纸制的磨砂笔或者是指头都可以作为颜料的调色器。布料是用来调大的整体色调，而在整体色调中，更多是用手调小细节的。因为在使用手指进行造型的时候，使用起来比较方便，力量的大小也比较好掌握，而且可以掌握调和的程度，所以不会污染周边的色彩。

7. 马克笔表现方法

马克笔现是快速设计最常见的一种表达方式，也是最具代表性的一种。因其不需调和，干燥快，色彩易固定，种类多等特性而广受设计师青睐。马克笔可分为两大类：一类是油的，一类是水的。油性马克笔适用于表面光滑，不易书写的底材，如涂料，塑料，厚铜版纸等。油性马克笔适合于普通画图。马克笔的笔尖是由化学物质如化纤、尼龙等制作而成，其外形是带有特定斜角的正方形（或直径大小不一的圆），在运用过程中，可以根据不同的笔迹变化，得到不同的笔触效果。马克笔对纸张的选择范围很大，可以适用于各种颜色和各种吸水性的纸张。

马克笔的特性适合于迅速表现，在绘制效果图时，用笔要直截了当，避免迟疑、颤动和拖拉。在用笔尖比较多的部位，最好是用尺来控制，对于画出的色彩来说，可以在后期进行补偿。如果一种色彩同时出现在不同的位置，可以一次完成。若不能掌握好着色的时机，可以用一张空白的纸张来试色。此外，还能"调"出没有的色彩。例如，将色彩之间的间隙扩大，再用两个或多个色彩交叉重叠，造成一种混色效果，从而呈现出无穷无尽的色彩；或借助彩色铅笔的帮助使原来颜色发生变化。

绘制一张效果图，其首要目标就是要把想要达到的效果和亮点都表达出来，因此，我们必须先把大调画出来，再在大调里慢慢地找到细部。比如，从光影的关系，到对象的凹凸变化，到材料的变化，再到细部的表达。当首次着色完成后，要再次检查一下作品的平衡性，看看有没有什么"画过"或者"不足"之处。若"画过"，则要以白色颜料加以润色，并利用光线与阴影的描摹来调节画面的整体性，力求达到画面的均衡。若觉得画面"不足"，又缺乏一大片的颜色，可以在画面中添加更多的灰色，从而让画面有更多的层次感。马克笔在深层的表现性方面受到限制，如对玻璃，金属，石头等的描摹，其表现性远不及水粉。因此，一般都是靠着背景和手写的字迹来配合表现。在某些情况下，有时也可随画面需要随意搭配其它颜色。

用马克笔绘画的时候，在画布还没完全干燥的时候就开始绘画，很容易让画布变得"脏"，因此必须等到画布完全干燥后才能开始绘画，除非你对绘画有着绝对的掌控力，或是想要达到那样的表达结果。马克笔在作画的时候，重复涂染也会把画面搞"脏"，此时可以利用"白色"的水粉来点亮画面，转变"脏"的感觉，展现出透明的作用。比如，如果灰色用得太多，会让人觉得单调乏味，如果要保留白色就很难，可以打开来画，然后再加上白色的颜料，这样会让整个画面更加明亮，这样的话，在"画灰"和"画坏"的部分也可以用这个办法进行修正。

8. 喷绘技法

喷绘，又名喷色画，喷笔艺术，在国内一般称之为"喷画"。虽然名称各不相同，但都以一个"喷"字为主线，表现出其独具特色的喷彩造型和喷绘造型相结合的造型特点。喷绘和其它的图画最基本的差别是所用的工具。利用空气的水泵的压力，通过喷头将色粉喷出细密的雾状色粉，可形成轻，重，缓，急等不同的色粉；同时，使用特殊的屏蔽物质，可以将不必要的颜色覆盖起来。采用不同的喷绘方式，可以产生各种不同的效果，可以是圆润精致，也可以是雄浑粗糙。可以栩栩如生地展现出晴朗清澈的天空，五颜六色的光束，透明、明亮、均匀、精确，这跟用画笔的手法是截然不同的。

喷绘中，画小的可以使用喷笔，而画大的则需要使用喷枪，现在广泛使用的是上海生产的喷笔和喷枪。因为使用半自动化的喷绘设备，以及各种绘制手段，因此，绘画过程中，可以进行速度、浓度等方面的操作，并且还可按需叠加，还可以在放大的照片上喷制作品，让作品产生另一种艺术表现形式。

9. 混合技法

混合技法，即不以一件工具来表达，而是以各种工具相结合的绘画方法。这是一种对各种技巧都有相当程度把握后的表现形式。其实并不需要技法，只要最终的结果就好。其实，很多有经验的设计者，都是以混合技法来表达自己的作品。任何一种工具都有其自身的特性和限制，因此，如何充分利用这些工具的优势，将这些工具有机的融合起来，将会是一个很好的选择。其实，既不能够，也不一定要将全部的工具都组合起来，只要表现对象能够适当地达成其想要的目标就行，为技巧而技巧是一种本末倒置的行为，应该按照设计的需求来进行选择和确定。

10. 其他工具及技法

有很多不同的快速表现的方式，因为没有太多的约束，所以往往也会使用其它的技巧来达到独特的、强烈的表现效果。比如用油画棒、炭条或丙烯等工具来制作效果图。只要在日常生活中多进行实践，对其特点和技术需求了如指掌，同样能够在快速的设计中取得良好的结果。

（二）电脑效果图

在现代科学技术的发展过程中，由于计算机可以更准确、更直观地反映出室内的具体情况，因而被越来越设计者所关注。计算机绘图具有广泛的应用前景，设计师可以通过计算机来画出一些简单的素描，并制作出能够反应体积的模型图，还可以迅速地从多个视角选择视点，还可以在比较短的时间里做出多种颜色的组合。从而为设计者节约很多的人力与物力，使得环境艺术的创作更为深入、理性与艺术性。计算机的另外一个优点是其精度高，使用方便，易于修改。可处理各类复杂曲面，折面等，并可获得精确的透视值；也可以通过计算机所体现的造型、色彩、质感、环境和空间的变化，模拟绘制某个地区、某个季节的间变化，来对环境设计进行研究，并对各类型的透视和阴影图进行探讨。因此，设计者能透过环境进行创造。

在进行计算机效果图的绘制时，要先建立起线框模型，将周围所使用的各种材质的颜色进行分类、归纳，并对周围的道路和环境进行恰当的配制；还可以利用扫描仪对所处的环境进行扫描，使其能更好的反应出所处的环境，并通过绘制软件将其绘制出来。在绘制中，光线的处理，贴图材质的使用，都是绘制好一幅图片的重要因素。在出图时，要依据所剩的画图时间及画幅尺寸来确定画图的解析度。在后期的创作中，除了添加背景中的树木、车辆和人物之外，还可以利用计算机中的人工绘制技术，用画笔和喷笔"手工"绘制缺陷的地方，来克服计算机图形的呆板和程式化。

第四节　环境艺术设计空间造型的基础练习

一、环境艺术设计的基础调研与设计展开

在进行环境艺术设计之前，对其进行一项非常重要的基础工作和内容。不管是在一个大型的、综合性的整体设计项目，或者是在一个小型的单个项目设计中，进行一项初步的调研，在进行后续的设计工作时，会发挥出非常关键的基础效用。这一部分通过对公共交通体系的有关设计实例的介绍，使我们了解到怎样对公共交通体系进行初步的调查，并对其中的一些问题进行阐述和分析；同时，还将厦门市的公交候车亭

作为一个主要的研究目标，主要是围绕着城市的自然环境、人文环境、地域环境等展开的。在此之前，我们已经获得比较完整的、有系统性的基本的信息，并且还将与之有关的人流预测、主要使用的材料、规格等进行深入的研究和分析。

公共交通是连接城市空间的纽带，也是城市形象的最大体现。公交车站及设施也是构成城市景观的关键因素之一。公交系统的设计功能和形态的视觉意象对城市空间的总体质量有很大的影响，同时它也是一座城市经济和文化发展水准的一个重要窗口。所以，公共交通体系的设计不仅是构成一个城市形象的一个关键因素，而且还能反映出一个城市的文明水平。

城市公共交通系统作为城市总体规划的组成部分，必须服从并服务于城市总体规划，使公共交通系统能够更好地为广大市民提供更好、更高效的服务。公共交通设施是人们生活的载体，是人们与环境交流的媒介。在城市中，车站候车亭的设计，其主要作用是保证乘客在车站等候、上下车辆时的安全，方便乘客，信息符号的明确性与精确性。除此之外，通过其形状、色彩、质感、体量、特征等信息，可以让人们快速地理解、判断并使用它们，因此，在对它们进行规划的过程中，候车亭及系统设施的设计也会对城市的美感产生很大的影响。因此，身为一名环境艺术工作者，他的任务就是要让这些社会大众的需求得到满足，从而提高城市的品味，并持续地创新出新的艺术形态，让这个城市的文化魅力和文明程度更加突出。

例1：公交车候车亭设计前期的基础调研。

要求：

1. 以班上的同学数量为依据，将他们分成3到6个人为一组，然后将他们分成不同的小组，对他们所处的城区内现有的候车亭及附属设施进行测绘、拍照及相关信息采集、记录等调研工作。

2. 使用问卷调查、随访统计等记录方式，具体包括：不同职业人群的乘客、公交站牌的图文信息内容、广告位的位置等，展开调查和统计，最后以图文表格的方式，形成PPT文件。

目标：

考核学生对被调查对象的图像采集技术、数据测绘记录的能力以及对计算机软件（例如3D Max、AutoCAD）的运用程度，有助于培养出一种与调查研究所必须具备的、较为全方位的技术应用能力。

按照例子1所需进行的图文调查总结。利用AutoCAD对所调研的车站进行三维建模。在绘制图纸时，一是会显露出许多不了解图纸标准的问题，例如线条粗细，尺寸标注等；在教师的不断修正和引导下，可以对其进行改正，从而提高学生原来所学的绘图的实际运用程度。其次，经过前期测量并构建起在图纸与绘制出的真实空间中尺寸，再经过后期绘出形式图的过程，可以让学生在脑海中构建出数据之间的尺度感。

使用计算机的 3D Max 技术以及平日所学 3D 软件的技术，在自己亲手对该候车亭所做的 3D 立体效果图以及手绘的数据基础上，进行了电脑效果图的制作，最终目标是让学生可以在 3D 技术的绘制过程中，可以使用并验证 3D 技术。

总结：培养学生在平常时间里，对周围的事物进行关注的能力，从而形成一种能够在日常生活中，对周围的物体进行仔细观察的学习意识。在进行以上的基本调查工作之后，可以对学生进行细致、有耐心的工作态度进行培养。

表 4-5　相关数据信息的统计汇总

厦门市湖里山公交站候车亭的主要材料及构成组件		面积 / 平方米（略）
候车亭主体部分	不锈钢长柱子、不锈钢短柱子总面积	
	顶部不锈钢顶遮阳板面积	
	地面铺装部分	
候车亭辅助部分	广告牌不锈钢面积	
	广告牌有机展板部分	
	车次站牌信息所占面积	
	不锈钢座位面积	

例 2：依据测量调查得到的数据，将测量有关的建设项目以及项目的造价列出来。

目标：

在对以上数据资料进行详细的剖析后，在教师的引导下进行仿真，并对此候车亭的施工方案进行详细的说明。

A. 虽然在设计的形态风格上有所改变，但是没有体现出与区域文化特色相对应的意象特色，更多的是"大众化"。

B. 各车站的文字和图片都很清楚，但是缺少各线路的平面图、盲文信息、公告信息和周围的公用事业图（例如，卫生间布局图），这些都是有缺陷的，甚至没有提到过。

C. 从长期来看，如果在公共汽车上使用 GPS 系统等追踪和显示技术来实施，那么，在候车亭中应该设置一个可以预定电子站牌的地点和线路的界面。

D. 为弱视者或有障碍者，提供诸如电子报站指示板之类的帮助方式。按照车辆抵达的时间，会对其进行语音的提示，这也是一种人性化的设计，也正因如此，大部分的公共交通系统并没有考虑到这一点，所以才会出现上面所说的"基本没有残疾人群体"。从这一点可以看出，在未来的公共交通系统设计中，应该将重点放在那些残疾人身上，这也是一个国家和一座城市的文化底蕴，也是设计师的职责所在。

要求：

1.对符合测绘尺度的有关材料的数据内容，如面积，数量，成本等进行统计和列表。

2.不可忽视 ±0.001 以下基本工作的内容和数目。如表 4-6。

表 4-6　厦门胡里山车站相关工程量清单

序号	项目名称	计量单位	工程数量	金额 / 元	
				综合单价	合价
1	挖基础土方土壤类别：三类土 基础类型：独立基础 垫层宽度： 挖土深度： 弃土运距：				
2	土（石）方回填土壤类别：三类土 人工夯实				

注：所用的材料，技术，大小，面积，以及它们的优点和不足之处。

在对以上基础性与相关的调研内容进行整理之后，可以有一个初步的认识，更关键的是，在这样的整理过程中，让学生可以对一般公交候车亭的基础调研，可以构建出一种在正常情况下，可以很好地观察学习、分析环境中事物的能力。

例 3：利用网络和其他方式，对国内外与候车亭设计有关的信息进行检索，并做出一份简要的、比较性的图文分析报告。

目标：

在搜集了各个城市的公共交通系统的设计资料之后，还可以对其进行横向的对比，从而开阔学生们的眼界，并提高他们对周围环境的观察力，在对比的过程中分辨出他们所拥有的设计的优点和缺点，从而为进行后续的有关课题的设计工作奠定基础。

要求：

1.在对周围已知的城市公交亭进行调研之后，应该将其与横贯的城市公交亭进行对比，以便对被调研的目标有一个更加清楚、更加精确的了解。

2.用图解法，对其内容进行分析与评估，包括现状分析，设计风格，设计方案，文字表述等。

欣赏现代世界先进国家中广泛运用的无障碍设备，以及为所有性格各异的人们提供的与周围环境的和谐交流而精心设计的例子。作者以为，这实际上反映设计师的公共意识，即公共价值观，公共行政观；

在此方面，如何培养起对其他群体的尊敬，以及如何树立起对其他群体的尊敬的观念，这是设计专业的学生必须具备的重要思想根基。从本质上来说，这就意味着：一个好的环境艺术设计应该是一个功能、艺术和无障碍的设计，它可以在不同性质、不同层次的人与人、人与环境之间建立起一种无障碍交流的融洽关系。也就是说，唯有以此为依据的设计理念与思维，才能创造出出色的环境艺术设计。

二、从简约空间到复杂空间的练习

在设计中，问题的实质是问题的求解，因此，对问题的处理也有必要进行培训。所以，这一节将以我们日常生活中常见的要素作为设计的出发点，并以一把椅子作为例子，对它的有关问题展开剖析，让学生学会设计的思维方式，从而找到与设计有关的问题。这种方式，不仅可以让学生掌握在进行创作前，怎样做好与基本有关的准备工作，还可以让他们在经过一些简单的要素的实践之后，对自己的设计的理解产生更深刻的认识，并在此中探索在基本培训中包含的，可以激发丰富的创造性思维的方式，同时还可以锻炼他们的观察力和对日常材料的累积，进而提升他们今后的创作水平。该部分以一张常见的椅子的绘制、制作及空间拓展的研究与实践为主要内容，也就是从一张椅子的"简单"的设计，扩展到一张"复杂"的室内空间，从而认识并了解基本培训与设计创造之间的联系。

例1：绘制一张座椅，复制各种款式的座椅。

目的：

1. 以一张简易、常见的座椅绘制为例，考察考生对图纸标准、基础手绘图纸的表述、电脑操作等方面的知识。

2. 座椅绘制的同时，也是对座椅的认识与把握的一个重要环节。椅子和家具在空间中占有重要地位，对其基本尺度的认识是空间设计的基础。

3. 在临摹名家名作的过程中，一是拓展学生的眼界；二是让学生在临摹中感受到座椅的各种样式和设计。

要求：

1. 在开始绘图前，对有关绘图的规格和知识进行说明和确认。

2. 绘制好的椅子，需要使用尺子和其他工具，并且需要手工绘制，要仔细，严格，标准。

3. 能够临摹 20-30 幅相似的作品，并且线条优美、整齐。

例2：按照绘制临摹中所把握的尺寸和样式来进行座椅的造型设计。

目的：

1. 使学生认识到，在一个简单的形状中，存在着无穷多的设计要素。

2. 通过设计，加强对美的造型的认识，从而提高学生的创作激情。

要求：

设计思维的角度和风格应该多种多样，表达方式应该不受限制。

任务：任取一平凡而单纯的造型物，对其展开延伸的空间造型艺术设计。在我们的周遭，看似普通，平常，简单的事物或要素，实际上都蕴含着任何的设计可能性。例如，抽象的符号，文字和各种对象，那些被我们认为是司空见惯的要素，可以给设计师的创意带来取之不尽用之不竭的灵感。这一节的教学目标就是要在教师的指导下，让学生理解和清楚其中所包含的原理。

例 3：从大自然中，或者从自己熟悉的、感兴趣的任何一个因素中，选择一张椅子作为自己的灵感来源。

目标：培养学生对生活的观察力与创造力。

要求：

1. 运用摄影和图片记录的方法，搜集 30-50 张有意义的图片数据。

2. 通过对搜集到的材料进行深入的分析，找到自己喜爱或打动自己的那一点，尝试将其用作自己的创意和基础，用一种合理的、几何学的分析方法，将其提取出来，并将其转化为一张座椅的造型要素。

第五章 环境艺术设计的程序与基本方法

第一节 环境艺术设计的程序

在环境艺术设计工作中，只要有了一套科学、行之有效的工作方式，就能把一些复杂的问题转化为简单的问题。在求解工作实践中，将一系列的设计过程按照一定的时间顺序进行排列，这就是所谓的设计程序。设计程序是设计者经过长时间的实践和工作积累而成，是一种有意识、有目的的自觉行动，是对已有经验进行规律归纳和概括，并随着设计工作的发展和完善而进行更新。因为环境艺术设计的内容多种多样，所以它的步骤繁琐，冗长，繁复，因此，一个合理的、有序的工作程序作为一个构架来进行工作，这是一个设计取得成功的先决条件，也是一个能够在一定的时间内，提升一个设计工作的效率和品质的根本保证。

尽管在设计的过程中，由于设计的设计者、设计单位、设计项目和时间的需要，设计的过程会有很大的差异，但总体来说，设计的过程可以划分成：①设计的前期；②方案设计；③扩初设计；④施工图设计；⑤设计的实施；⑥设计的评价。这六个阶段，基本上包括从老板提出设计任务书到设计执行并交付使用的整个流程，具体情况见图5-1。

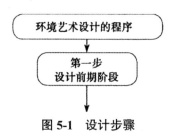

图 5-1 设计步骤

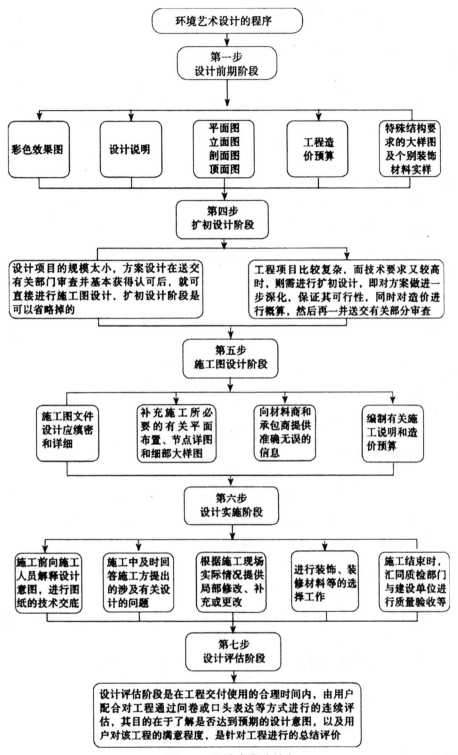

图 5-1 设计步骤（续）

一、设计前期阶段

设计的初期即设计目的筹备阶段。其内容主要有：①与客户进行深入沟通，掌握客户的整体思路；②按照设计任务和国家相关政策法规文件的要求，接受委托，签订设计合同，或参加投标。③确定设计完成时间，制定设计时间表，统筹安排相关工作间的合作与协作；要清楚地说明设计工作的性质，功能特征，设计规模，等级标准，总费用等内容。④依据作业用途的需要，营造出所需要的室内环境气氛，文化内涵或艺术样式等。⑤了解与项目相关的各项规范与指标，搜集与分析所需的数据与资料，通过实地考察、并对同类范例进行参观、学习等。在签署合同或形成并最后交付招标文件时，还要将设计进度安排、设计费率执行的国家或地区标准都包含在内，也就是设计单位收到业主设计费占工程总投入资金的百分比等文件资料。

二、方案设计阶段

根据已有的设计工作结果，对设计要求和有关数据进行进一步的收集、分析和研究；再与客户沟通交流，反复构思，进行多个方案的对比，最终确定最终的方案。通常情况下，设计师需要提供的方案设计文件具体有：彩色效果图、设计说明、平面图、顶面图、立面图、剖面图、工程造价预算、特殊结构要求的大样图及个别装饰材料实样等。

三、初设计阶段

而与环境艺术设计相关的其它专业工作相比，需要的技术协作则较为容易，或者由于该工程的规模不大，在进行方案设计时就可以直接进入更深层的设计。这时，经过相关单位的审核，得到批准，可以直接进行施工图设计。在此情况下，可以不进行扩初设计阶段。然而，对于一些较为复杂、技术指标较高的工程，还需要进行扩初设计，也就是对原设计作一个再深入的深化，以确保其可行性；在此期间，编制工程预算，并将其一起提交相关单位审核。

四、施工图设计阶段

施工图设计作为设计师对整个设计项目进行最终的决策性执行，以及确保工程成功完成的关键环节，它需要与其他各专业工种展开全面的合作，并对各类技术问题进行全面的处理。施工图设计文件应该比方案设计更加细致，更加严谨，在必要的时候，还应该对施工所必需的相关平面布置、节点详图和细部大样图进行进一步的补充，以便给材料商和承包人提供准确的资料，并且还要对相关的施工指导和费用预算等进行编写。

五、设计实施阶段

在上述的设计阶段，尽管初步计划的大多数设计工作都已结束，工程也已启动建设。然而，在施工实践中，设计者仍然需要对施工实践中出现的问题给予足够的关注。不然，很难确保设计要实现的目标。在这一时期，设计师每天要做的工作主要有：①在开始之前，对施工者说明设计意图，并对其进行技术指导。②对施工过程中出现的与工程相关的问题，要能迅速解答。③按照工地的具体状况，对部分修改、补充或改变（施工人员必须按照工地的具体状况，做出修改建议，并发出修改通知，然后经过设计部门的批准，完成修改后的图纸的正式移交）。④做好室内装饰，装修材料等样品的选择。⑤在工程竣工后，配合 QC 和建筑公司对工程的质量进行检查和验收。

六、设计评估阶段

设计评估阶段指的是在工程交付使用的合理时间之内，由用户合作，对工程采用问卷或口头表达等形式展开的持续评估。它的目标是要知道，项目是否已经完成了预期的设计意图，以及用户对该工程的满意程度，它是针对工程展开的总结评价。当前，人们对设计评价的关注日益增多。由于，许多设计方面的问题都是在工程交付使用之后，才可以被发现出来的。这一过程对用户和工程本身都有好处，同时也对设计师为日后的设计和施工增加、积累经验或改善工作方法有所帮助。

第二节　环境艺术设计的任务分析

在环境艺术中，需要经历一系列艰难的思想和创造性思维的过程。其中，对系统进行任务分析是系统进行系统优化的首要环节，也是系统优化的关键环节。在这一阶段中，具体内容是：对项目设计的要求和所处的环境条件进行分析，并对有关的设计资料进行收集与调查，这都是高效地进行设计工作的关键。

一、对设计要求的分析

其中，对设计需求的研究分为两部分：一部分是面向项目用户，即开发人员的信息；二是关于设计任务书研究。每一种方案的详细程度都是天壤之别，在方案中没有对用户和开发商的资料进行理解和分析，或者没有对方案进行实地考察，所有的方案都是由设计者自己"说"自己"画"完成的。越是清楚地了解了环境的作用，就越是能够更加精细地进行更深层次的设计。所以，做好对设计需求的分析，是创建一个舒适的环境的首要步骤，应该重点关注如下几个问题。

（一）从项目使用者、开发者的信息中分析设计的要求

1.用户的功能需求

对用户的功能需要进行分析的关键在于对用户的群体进行合适的定位，从而对用户在设计中的行为特征、活动方式和对空间的功能性需要有一个清晰的认识，确定出在环境设计中应该具有什么样的空间功能，以及在设计中对这些空间功能的特定需要。这里，我们将通过两种不同形式的学校空间设计的实例来解释这一点。

（1）中小学校园环境的服务对象以学生和教师为主。这些群体对道路、绿地和各种活动场所的需求，以及为学生提供体育、休闲、种植、养殖和劳动等服务。对于盲校，除上述各项要求外，还需在各个区域增加无障碍设备。

（2）与中小学相比，高校的校园面积更大，有些综合性的高校甚至可以自成一座大学城。通常情况下，校园包含教育区、文体区、学生生活区、教职生活区、科研区、生产后勤区等几个区域，它们有着与中小学校园环境完全不同的功能。

从这一点可以看出，一个设计，如果不能对其功能进行科学的分析，并根据需求进行设定，哪怕是不能达到最基本的要求，或者是强制添加一些不必要的功能，那么，就算这个设计的很漂亮，也不可能算是一个成功的设计。通过对上述两种不同的学校的环境进行的分析，我们能够发现，对用户群体的功能要求进行的分析非常关键，在进行设计落笔之前，对它们进行详细的分析，都是必须要考虑清楚的问题。

2.用户的经济、文化特征

从经济和文化两个方面进行研究，主要是从消费水平，文化水平，社会地位，心理特点等方面进行研究。在此基础上，对该层次作详细而深刻的剖析，认为在一定程度上，环境艺术设计既要使人获得物质上的需要，又要使人获得精神上的愉悦。举例来说，一家高档的五星级商务酒店，在此生活的客人大都是具有一定工作经验，具有比较高的职位，具有较好的经济基础，具有较高的学历和文化素养的人。所以，当我们在设计这样的酒店环境时，必须要有高质量，高品位，高标准，高服务水平。不管是材料的使用，颜色的搭配，灯光的协调，还是界面的处理，都要符合他们的需要；而一家时尚的客栈旅馆，其顾客群体以城市里的年轻人为主，他们时尚前卫，充满活力，在为这些人提供住宿的时候，要注意他们的舒适和方便，注意他们的时尚和流行，强调他们的个性和创造力。与那些强调豪华、气派的五星级酒店不同，时尚驿站式酒店并不需要用到贵重的材料与摆设，因为他们很少会对墙壁或底部的大理石的价格有

什么在意，他们更在意的是酒店所呈现出来的一种时尚氛围和生活方式。

3. 用户的审美取向

因此，在深入了解用户的功能需求，经济和文化特点的基础上，必须对用户的总体美学倾向有一个全面的了解。"审美"是一个主体的精神行为的过程，是一个人按照自己对某种东西的需要而产生的一种观点，受时代背景，生活环境，文化水平，个人修养等许多方面的影响。对美学取向的分析，以视觉感受为中心，包括空间的分割、界面的装饰造型、灯具的造型、光环境、室内家具的造型、色彩及材质、室内陈设的风格、色调等方面。对用户群体的美学定位进行研究，目的就是为满足用户群体的美学需求。比如，"张扬"的画家，官员认为的"得体"，商人寻求的"阔气"，推崇"奢华"的时尚人，西方人看到的"海派弄堂"等，在他们眼里，都是一种美丽。要让人们满意，并不是一种盲目的迎合，而是一种对人们需求的了解和研究。所以，在进行初步调查分析的过程中，谨慎、准确、有效地判断用户群体的美学倾向，在整体设计能否获得认同方面，具有十分关键的意义和影响。

4. 与开发商有效沟通

在环境艺术设计师设计过程中，交流非常重要。在商量和交际中，顾客可能会通过表情，态度，声音，身体语言，文字，语速等多种方式来表达他们的想法，表达他们喜欢或不喜欢的东西。通过这种方法，设计师就有机会对顾客的主观态度、关注的重点、做事的目的、处事的方法等进行全面的体会和感知，而这些对于后续的设计工作而言，都是非常有价值且非常有用的信息。

环境艺术设计除了具有多学科交叉的特点外，还具有很强的商业性质。像陈列设计，商店设计，餐馆设计，酒店设计，更多的细分的环境设计被称为"商业艺术"。它的商业性质主要有两个层面：一是在设计师看来，这个商业性质就是为了获得工程的设计权利，利用自己的知识和智力来获得利益；作为开发商，他们希望能够利用环境设计来实现自己的商业目标，创造出一种符合这个项目的市场定位，符合顾客的需要，让顾客在其中感受到物质和精神的双重满足，并且愿意为这种体验"埋单"，从而让商户在其中获取利润。所以，跟开发商进行一次好的交流，可以让设计师对项目的实际需要有一个全面的认识，对开发商的意图进行精确的把握，同时也可以让顾客对该项目的未来环境产生一些幻想，这样就可以创作出一件与市场需要相适应，并且可以为该项目提供更多的商业价值的环境艺术作品。

5. 分析开发商的需求和品位

在与客户进行有效的交流之后，项目设计者接下来的工作就是认真地、理性地分析在交流中得到的有关信息，具体内容如下。

（1）对开发商的要求进行分析。对开发商的需要的分析，可以分为两部分：第一部分，在与开发商的交流中，了解到他们在商业运营上的要求，比如商业定位，市场方向，投资计划，经营周期，利润预期等。比如，在餐饮行业中，豪华酒店，精致快餐，异国风味，时尚小店，大众酒店等等，都是餐饮行业的表现形式，但是，当投资人决定了自己的定位和运营模式之后，不管是在管理模式，商品价格，还是进货渠道，还是在环境设计上，都要与自己的定位相一致。这时，设计师要更多的站在商业的立场上，对投资人的要求进行深入的分析和理解，制定出相应的设计方案，并在设计中将其应用到与其匹配的餐饮环境的设计语言中，来打造出一个与投资人的合理定位一致的室内外环境。其次，在交流中，从总体上分析投资人对于本工程室内及室外的总体规划及预期。这时，设计人员就会作为一个"专家"，提供一个切实可行的设计建议，既要考虑到项目的市场价值，又要考虑到室内空间的设计理念，还要考虑到业主对项目的预期，比如对设计风格的要求，材料的要求，成本的要求。

（2）对开发商的要求进行品味分析。"品位"这个字已经成了当下流行趋势中最常提到的字眼。不管是时尚、地产、餐饮、服装、汽车还是美食，各个领域都在用"品位"这个词来标榜自己的"品位"。事实上，品位，如果把它的外表去掉，那么它的本质应该是一个人的内在气质和道德修养的外部反映。

对开发商品位的分析，并不只是对投资商"本人"做一个简单的调查和分析，而是要透过与投资商的交流，去体会这个投资商甚至是一个团体的品位，以此来评判投资商对这个工程的鉴赏力。这样的判断与分析并不是设计师的终极目标，其目标是要在对开发商品味有一定认识的基础上，对业主对该项目环境的主观愿望与期待进行分析。但是，与此同时，设计师也有责任在投资人的主观意识与整个项目的总体定位发生偏差的时候，要求开发商做出相应的改变，让他们的设计队伍能够用他们的专业设计技巧，去实现更高的环境艺术设计水平。

这就要求一名专业环境艺术设计师必须具备一种职业素养，一种专业理念。在充分思考投资人的需求，满足投资人对工程的预期的时候，要用一种正面的心态来看待环境艺术设计，要对设计能够取得的结果以及实现的可能性进行科学、客观的分析。如果碰到投资人的意志妨碍了设计成果的发挥，设计师就有责任用合适的方法，在对投资人给予足够的重视的同时，向所有者提供建设性的建议。

（二）对设计任务书的分析

在设计项目中，设计任务书的功能性需求是设计的指导依据，它主要由两个部分组成：一是文本说明，二是图形说明。因为设计项目的差异，设计任务书在详细程度上存在着很大的差异，但是不管是在室内还是在户外的环境艺术设计中，在任务书中所提出的需求都会包含以下两个部分：功能关系和形式特征。

1. 功能需求

功能要求由功能构成、设备要求、空间规模要求和环境要求四个方面构成。在进行设计时，除了要按照设计任务书的要求，还要与用户的功能需求综合相结合，同时，这种要求并非一成不变，而是随着各种社会因素的变化而变化的。比如，在室内的规划中，如果按照原来的规划，那么，最小的开间数应该是 3.9 m，这样才能保证舒适和满足内部设施要求。但是随着技术的进步，墙挂式电视进入了千家万户，电视柜已经没有任何的作用，于是它原本所占据的空间就被解放了出来，这时候，3.6 米开间的设计已经足够满足舒适的要求，而节省下来的可不止 0.3 米。

2. 类型与风格

各种类型或风格的环境设计都具有鲜明的个性特征。比如，在纪念性的广场上，要让人们感觉到它的庄严，高大，端庄，这样才能给人们带来一个很好的环境气氛。而在节日期间，商业街的居民在此进行休憩和购买，其街区的氛围应该是充满活力和欢快的，能够让人在此得到释放，从而得到一种轻松愉快的感觉。此时，商场的空间可以考虑采用自由舒适的布局，浓重明快的色彩，醒目夸张的造型，让顾客感受到强烈的视觉冲击。所以，在进行环境的艺术设计时，应该总是以其个性特点为中心。

二、对环境设计条件的分析

在进行环境艺术工程设计的前期，有必要对室内、室外进行大量的现场调查和研究。该设计的研究内容主要有：研究对象的自然环境，人文环境，经济和资源环境和周围环境等。对此进行剖析，使设计更具人情味。

（一）对室内设计条件的分析

在很多时候，人们在进行室内环境设计时，往往会被多种因素所限制。比如，房屋的楼层、房间的朝向、景向、风向、光照、外界噪声源、污染源等都会对室内环境的设计理念和处理手法产生一定的影响。所以，我们应该首先对这些外部因素进行分析，然后才能有目的的去对待它们。除此之外，建筑物的使用情况也会对室内环境产生一定的影响，因此，在设计时，需要对建筑物的初始设计图进行详细的研究，主要的研究内容如下。

1. 对建筑功能布局的分析

虽然对建筑设计的功能进行很多的调查和规划，但是仍然不可避免地存在一些不当的地方。设计者应从生活中的细节着手，透过平面图对建筑进行深入的剖析在以后的设计中，各功能区的布置是否都很合理，这样才有可能得到改善。它也反映一个与建筑的相互影响的设计进程。

2. 对室内空间特征的分析

对室内空间的特征进行研究，它属于围合还是流动，它是封闭还是通透，它是伸展还是压迫，它是宽阔还是狭窄等。

3. 对建筑结构形式的分析

在建筑的基础上，对室内环境进行二次设计。在设计实践中，因其特定的用途需求，往往会改变原有的模式，改变原有的结构系统。这时就要求设计者对所要调节的部位进行合理的分析，并在不危及到建筑结构的安全性的情况下，进行合理的调节。所以，可以说，这是一项对保障安全性所必需做的工作。

4. 对交通体系设置特点的分析

对内部走廊及楼梯、电梯、自动扶梯等纵向交通联系空间在建筑平面中是如何布置的进行分析，这些空间是如何将内部空间分割开来，又是如何将流线连接起来的。

5. 对后勤用房、设备、管线的分析

对建筑物内某些能产生气味、噪声、烟尘的房间对使用空间所造成的影响程度进行分析，并提出如何将其影响降低到最小。同时也要参考其它有关的工程图纸，根据这些图纸，对管道在房间内的方向和高度进行分析，从而在进行设计时做出相应的应对措施。

在这个阶段，我们必须全面地进行条件分析，任何能从图表上看到的问题都要进行分析和思考。同时，对设计人员的专业水平进行全面的评估。要注意的是，有时候会因为实际施工情况与建筑图纸数据出现偏差，或是因为建筑图纸数据缺少，所以这就要求设计师到现场进行调查，对建筑条件展开更深刻的现状分析。

（二）对室外设计条件的分析

调查只是一种方法，而最终的目标，则是分析。基地条件分析是以客观的调查和主观的评价为依据，对基地及其周围的各项要素进行综合的分析与评价，从而最大限度地发挥基地的潜能。在整体的设计中，对基地条件进行分析是非常关键的，对基地条件进行全面而详尽的研究，对土地的规划以及对所有的细节都能起到帮助作用，而且在这个分析的过程中，还会得到非常宝贵的构想。

1. 自然因素

每个特殊的环境艺术设计工程都有它独特的地理位置，每个地点都有它独特的自然环境。自然环境的差异常使环境设计具有鲜明的个性特征。当一项设计启动时，必须对工程现场和较大面积的地区进行分析。

2. 人文因素

每个城市，都有着自己独特的历史，独特的文化。雄伟的古代帝王都城，怡人的江南水乡，曾经的殖民港口，年轻的外来人口的迁徙之城……每一座城市都有着自己特有的演化与发展过程，它们产生各自的地方文化，也产生各自的风俗习惯。因此，在对具体的方案进行设计前，很有必要对项目所在地的历史、文化、民间艺术等人文要素展开一次全面的调研，并对这些要素进行深刻的剖析，并从中提取出一些对设计有帮助的要素。

例如，上海的"新天地"（New York）是上海现代建筑史上最具代表性的石库门住宅区域，是一个集餐饮、购物和娱乐于一体的国际化的休闲、文化和娱乐中心。它既是一种融合了东方和西方元素的艺术结晶，又是一种对上海历史和文化的凝练和体现。新天地的设计思想，就是以保存并继续这座城市的文化底蕴为出发点，对石库门建筑进行大胆的变革，并给予其新的商业运营价值，将有着一百多年历史的石库门老城区，打造成为一个具有活力的新天地。这个概念恰好符合当代大都会的人们追寻城市的历史，崇尚时尚的生活方式。在具体的环境艺术设计中，新天地将建筑群的外墙部分的砖墙和屋瓦完整地保存下来，而每个建筑的室内空间，都是根据21世纪的当代都市人们的生活方式、生活节奏和情感世界进行定制的，处处透着一种现代化的休闲生活氛围。走在这里，你就像是回到二十世纪二三十年代的上海，但是走入每一栋大楼，你就会发现这里充满现代感和时髦感，你可以感受到新天地独有的魅力：传承与发展，传统与现代化，你也可以在这里感受到一种独特的海派文化。

3. 经济、资源因素

对项目周边经济、资源因素进行的分析，具体内容有：经济增长的状况、经济增长形式、商业发展趋势、总体收入水平、商业消费能力、资源的类型和特征、相关的基础设施建设的状况等，以上要素在某种程度上会对项目的定位，规划布局，以及配套设施的建造产生影响。

4. 建成环境因素

对于一个景观设计项目来说，建设环境要素主要包括：项目周边的道路、交通情况、公共设施的种类和分布情况，以及在基地内部和周边建筑物的性质、体量、层数、造型风格等，以及在基地周边的人文景观等。在此基础上，设计人员可以采用实地考察、资料收集和文献研究等方法获取这些有关的资料，并对其进行分类和归纳。这是一个必要的工作，然后才能开始方案设计。

对于一个室内环境设计项目来说，对其进行的对建成环境的分析，主要是对原有建筑物的现状状况进行的分析，具体包含建筑物的面积、结构类型、层高、空间划分的方式、门窗楼梯及出入口的位置、设备管道的分布等内容。对原有的环境进行更深刻的分析，在今后的设计过程中，才能更好地掌握自己的想法，减少不必要的麻烦，从而增强方案的可执行能力。

三、资料的搜集与调研

（一）现场资料收集

虽然在现代 GIS 技术的帮助下，人们可以在自己的办公室中，从各个层次上，从各个角度，对远方的场所特点进行认知和分析，虽然通过建筑图纸，就可以构建出内部空间的结构和基本形式，但是，设计师对场所的体验，以及对其气氛的感受，却是任何现代技术都不能替代的。这就需要设计师亲自到现场进行考察，亲自对现场的每个细微之处进行感受，用眼睛看，用耳朵听，用心灵感受，在现场的环境中找到有用的信息。现场所能听到的，闻到的，感觉到的，都是现场的一份子，它们都可以对整个工程起到重要的作用，都可以作为设计的一个突破口，或者是一个重要的亮点。所以，唯有透过现场调查，可以得到最珍贵的第一手资讯，可以了解这个地方的特性，掌握它与周边环境的联系，进而对这个地方有一个完整的了解，并为以后的设计奠定良好的基础。通过摄影，速写，文字等方式，对实地的经历进行详细的描述。如果有可能的话，也可以在整个工程期间进行几次实地考察，以便对设计进行持续的修改。

1. 场地调查

室内调研的主要工作是：测量房屋面积，统计场地内各建筑物的具体规模，以及现存的功能布置。观察房间的朝向，视野，风向，日照，外部噪音来源，污染源等。

户外基地的调查工作主要分为两个部分，即采集与基地相关的技术数据，对基地进行实地踏勘和测量。部分技术数据可以向相关单位查阅，无法查阅而对设计工作有一定要求的，则需要进行实地考察。对该地区的基本情况进行详细的调查，并对其进行详细的分析。②对日照状况，气温，风速，降水，小气候等进行统计分析。③人工设备，包括建筑物和构筑物，道路和广场，以及各种管道。④视觉品质，包括基地现状景观，环境景观，视野范围。⑤基地的面积和环境因素，物质环境，精神环境，地区规划法规。

基地的状况调查并不一定要将全部的信息都调查得一清二楚，应该按照基地的规模、内部环境和使用目的区分出主次，对重要的信息进行详细的调查，对次要的信息进行简单的了解。

2.范例调研

数据的检索与收集是一种很好的获得与累积知识的方式，而范例研究则可以获得对设计实践的经验。在对同类工程进行室内和室外的设计时，可以对某些已经完成的工程进行剖析，并从中得到"养料"，总结经验，这对于设计师在进行设计时具有一定的借鉴意义。

首先，范例中很多的设计技巧和问题的解决想法都是您亲自到现场调查时能够激发创意，并在具体的设计方案中加以参考和运用；其次，在进行调查之后，对于很多的设计重点都能掌握在自己的手中，比如对面积的掌握；最终，范例中的许多内容，例如材料的使用和结构设计，都要比课本上的内容更加形象，更加直接和简单。

在进行现场调查前，应当先将相关的各项工作都做好，尽量将相关的背景资料、图纸、相关文献等都搜集起来，对它们的特征以及它们的成功之处有一个基本的认识，只有在这个前提下，开展现场调查，才能够让自己获得一些成果，而不是走马观花，流于形式。总而言之，在进行实例调研的时候，要善于观察、仔细琢磨、勤于记录，这也是一种设计师应该具备的专业素质。

（二）图片、文字资料收集

环境艺术设计是一项需要多学科知识结合起来的创造活动，要想提升设计的品质和水准，就不能仅仅停留在就事论事的层面上，而是要从正面和负面两个层面上，理解和掌握有关的法律法规，利用外部知识启发创意思维，解决设计中的现实问题。这不仅是一种行之有效的方式，可以让你少走弯路，少走回头路，而且也是一种了解和熟知各种不同环境的最快途径。所以，对于还处在设计学习的学生来说，因为自身的知识和眼界还很局限，所以他们尤其需要通过查阅相关的材料来扩大自己的知识。在进行研究和进行设计工作的时候，应该与设计对象的特定特征相结合，将资料的搜集和调研放在第一个阶段，同时进行，也可以将其穿插于设计当中，有目的地分阶段展开。有关信息的搜集分为下列几个方面。

1.设计条例及有关设计规范性数据

对设计项目所涉及到的相关设计规范要熟记于心，避免在实际工作中发生违反规定的情况。

2.项目地点的文化特性

搜集具有文化特性的照片，记录该地区的历史和人文，并参考地方志和人物志。一是能给人以启示，二是能使作品在使用某些设计元素（如符号、材质等）时，与作品本身的文化脉络产生某种关联。当然，并不是每一项设计都要表现出高水平的文化性，但是有些时候，表现出自己的性格也是非常重要的，这就要求设计师在日常生活中多加注意。

3. 优秀设计的资料（图片、文字等）

在项目的初期，对一些好的项目进行图片和文字的收集，能够为项目的设计工作带来更多的启发。在当今的互联网环境下，利用互联网和图书搜索到全国各地、世界各地的有关设计的信息，能够节约实地走访的时间，还能够领略到不同国家、不同地区的设计特点，从而对将要进行的项目有所启发。

信息的收集，可以开阔视野，启发思维，参考方法。不过，切忌先入之见；不然的话，会让自己的设计走上一条将别人的作品进行拼接，甚至是剽窃别人作品的错误道路，最后失去的是自己积极创新的精神。

第三节　环境艺术设计方案的构思与深入

一、环境艺术设计方案的思考方法

没有一件设计作品是十全十美的，就算是很好的作品，也需要不断地修改和改进才能趋于完善。在进行设计时，需要考虑的问题有以下几个。

（一）整体与局部的关系

在总体和局部的关系上，总体上要从宏观上着眼，从微观上着手。一个总体是几个局部所构成的。在进行设计思维时，要对总体设计任务进行全局的构想和思考，要有清晰的全局观念。之后才能进行更深入的调查，搜集更多的资料。从人体的基本尺度、人流的动线、活动范围和特点、家具和设备的尺度等多个角度进行仔细的考虑，将局部融入到总体过程中，最终实现总体和局部的完美结合。忽视总体，就会使得整个设计显得微不足道；由于缺乏多样性，忽视局部，也会让你的设计显得单调乏味。

（二）内与外的关系

室内环境的"内"是指与该室内环境相连的其它室内空间，一直到室外环境的"外"，两者是互相依赖的、紧密联系的。在进行设计的时候，必须要由内而外，由外向内，经过多次的调整，才能让它更加的完美和合理。室内环境要与整个建筑物的性质，标准，风格，户外环境等相协调和统一。内部与外部的关系往往需要在设计理念上不断地调整，才能最终达到完善与合理；不然的话，很容易导致邻近的室内空间出现不和谐、不一致的情况，也有可能导致内部与外部环境的相对。

（三）立意与表达的关系

可以说，一个没有灵感的设计，就是没有"灵魂"的，而想要做到这一点，就必须要有好的灵感，只有有了灵感，才能更好地开展设计。一个好的创意，必须要把它表现得淋漓尽致，这并不是一件容易的事情，从这一点就可以看出一个设计师的实力。准确、完整、有表情地将设计理念与目的表述出来，让建筑商与评审商通过图纸、模型、说明等信息，充分理解其目的，这一点十分关键。在工程设计的实施中，特别是招标项目的中标，首先要保证工程图纸的完整性、准确性和美观性。由于在设计的过程中，形象始终是一个非常关键的因素，而图纸的表达就是设计者的一种语言，它也是一种需要掌握的最基础的技能，一种优秀的设计，其内容与表现应当是一种具有一致性的联系。

二、设计方案的构思

在方案设计中，方案构想是非常关键的一步，它是借助形象思维的能力，在设计的前期准备和项目分析阶段做好充足的工作之后，将分析研究的结果转化为具体的设计方案。因此，实现从材料要求到思想观念，到实物意象的质变。以形象思维为主要特点的方案构思，依靠的是丰富多彩的想象和创造性，其表现出来的不是单一的、固定的、不变的思维模式，而是开放的、多样的、发散性的，是不拘一格的，因此往往也是意想不到的。一件出色的环境艺术设计作品所能产生的感染力甚至是震撼力都是从这里开始的。

想象力和创意并非无中生有，在日常的学习和锻炼之外，适当的激发和适宜的"刺激"也很重要。例如，多读一些资料，多画一些草图，做一些草稿模型，就能刺激你的思维，激发你的想象力。

而形象思维的特征也意味着，在特定的方案中，需要有各种各样的切入点，而且需要进行深入的思考，从更多的角度出发，来探讨和设计一个切题的方法，通常情况下，我们可以从如下几个方面获得灵感。

（一）融合自然环境的构思

自然环境的不同会对环境艺术设计产生很大的影响，地形、地貌、景观、朝向等具有丰富个性特征的自然环境因素都可以作为一种灵感和切入点。

在建筑设计领域，最有名的实例当属美国建筑师赖特，他的"流水别墅"，以其对自然界的认知，对自然界的利用，以及对自然界的综合运用而成为一个成功的案例。这栋建筑位于景色唯美的熊跑溪上游，这里距离主干道很远，周围都是茂密的森林，四季如春，溪水潺潺，树木茂密，两边都是叠加的巨石，形成这里独特的地貌。赖特在经过一次现场调查后，认真思考这个设计，这里美丽的大自然给他很大的启发，一座伴随着小溪潺潺流淌的曲调的别墅，在他的脑子里形成一幅朦胧的画面。他告诉考夫曼，"我想让你和这条瀑布一起生活，不仅仅是为了欣赏，而是为了让这瀑布成为你生命中不可或缺的一部分。"从别墅外表来看，一座巨大的水泥平台从后面的墙壁一直延伸到前面，杏黄色的栏杆层层叠叠，高低不一，形成一道醒目的风景线。用当地的材料，模仿自然岩石的纹理建造砌成，浑然天成。周围的树木在建筑的组成之间穿梭，飞瀑和喷泉从这里流淌下来，天然的环境与人造的物品融为一体，相互辉映。

按照功能需要进行的设计，能够更完美、更合理、更富有创意地，能够更好地符合功能需要的设计，这是设计师们追求的目标，掌握好对功能的需要，通常是他们进行方案创作的一个重要切入点。

日本国立割田市总医院的康复疗养园设计，因其经费十分紧张，故需精心设计，才能达到其多项功能性需求。设计师从这个辽阔的土地排水系统着手设计，在花园的中心位置，有一条被称作"听觉园"、"嗅觉园"、"视觉园"的排水路，以增强景观的美感。同时，还专门设计坡道，横向倾斜路，砂石路，交叉路，以适应医院的使用功能需要；一个圆形的平台，上面摆放着一幅精美的艺术品，让那些患有障碍疾病的人，在这个平台上，可以感受到身体的各个部位都是健康的，让他们重新燃起对生命的渴望……这一切都是基于对特定功能需求的理解而认真构想的。

结合地方特色与文化进行创意设计。建筑始终处于一定的环境中，体现出区域特色也是建筑设计创造的重要构想方式。因为与建筑设计有着紧密联系，所以必须要对这个构想方式进行详尽的说明。

首先，最直观的体现地区特色与文化的设计方法是对当地传统建筑形式的传承与发展，重点在于对当地传统建筑形式中象征元素的吸收与提取。例如，西藏雅鲁藏布江酒店的室内设计就是一个很好的例子，该酒店的室内设计是以西藏地区的特色建筑为核心，突出"藏式"的特色。墙壁的层次化雕刻，雕花的造型；以及装饰用的彩画，这些都是继承并反映西藏地区的特色。

而深圳安联大楼的景观设计，在借鉴传统的文化理念的前提下，对当代建筑形态进行创造性的建构。在这座建筑的上空，按照楼层的高度，栽种出一株充满生机的植物，这是《易经》上几个吉利图案的一种组合，既有深刻的内涵，也有一种现代化的表达方法。

美国建筑大师波特曼在上海购物中心的设计中，吸取中国古典园林的精髓，将小桥、流水和假山融为一体，表现出浓厚的中国风情；在细节设计上也有很多独到之处，比如中庭的朱红色柱子，斗拱的柱头，拱门、栏杆和门套的运用，都不是简单的照搬中国传统的象征，而是对其进行抽象的重新加工。所以，它不但还能让人想起中国古代的建筑，同时，它的造型也很有现代气息。

（二）体现独到用材与技术的设计构思

对于设计者来说，材质和技术都是一个永恒的话题。与此同时，独特的、新颖的材料及技术手段可以让设计师产生更多的创意激情，从而激发出更多的创意灵感。

在美国加利福尼亚的纳帕山谷，多明莱斯的葡萄酒厂设计，是对石头进行创意利用的经典典范。赫尔佐格和德梅隆两个人，为了更好的适应这里的天气，他们打算在这里建造一座由玄武岩建造的表面饰材，这样就可以在白天隔绝阳光，然后在夜晚散发出去，让这里的温度与白天的温度保持一致。不过这些石头都很小，不能用。为了达到这个目的，科学家们用金属网将一些细小的石头填充到一起，从而构成一个有规律形状的"砌块"。金属笼子的网眼，按照内部的功能，也有各种尺寸，大的可以让阳光和空气透进来，而中型的则是用在外墙的底部，避免响尾蛇的钻进来，而小型的则是用在了酒窖的四周，起到严密的防护作用。这些石头有绿色、黑色等多种色彩，与周围的景色完美地融合在一起，加强建筑物与周围环境的和谐。

此外，还应该着重指出的是，在对具体的方案进行设计的过程中，应该从多个角度来考虑，寻找突破（比如同时考虑功能、环境、技术等多个因素），或是在不同的设计构思阶段，选择不同的侧重点（比如在整体布置时，从环境方面着手，在平面布置时，从功能方面着手等），这些都是最常用也是最通用的构思方法，这样不仅可以确保构思的深度和创造性，还可以防止构思的内容过于单一，甚至是走火入魔。

三、多方案比较方案阶段的重要环节

（一）多方案比较的必要性

多个方案的构想是设计实质的体现。我们经常习惯于通过一种独特而明确的方式来理解事情，并以此来解决问题。但是，就其认知与处理的方法来说，却是多种多样、相对且具有不确定性的。这是因为，在对环境设计进行认知和处理的过程中，有很多的客观因素都会对其造成影响。因此，如果设计者没有违背正确的设计观，那么所生成的任何不同的方案就不存在着简单意义上的对错，而只有优劣之分。

多个方案同时也是有针对性地进行环境艺术设计的需要。对于建筑师和设计者来说，规划只是一个过程，它的终极目标是获得完美的执行计划。但是，我们如何才能得到如此完善的执行计划？我们明白，在"绝对意义"上，我们不能寻求一种最好的方式。由于时间、经济和技术的限制，我们无法将每一种选择的优势都发挥到极致，因此，我们只能得到一种"相对意义"上的完善，也就是在有限的限度之内得到"最佳"的计划。

此外，多方案构想是公民参与认识的需要。让用户和管理人员都积极地投入到设计过程中，正是"以人为本"的要求的最好的表现，而在多方案构想的同时，还需要不断地对其进行分析、比较、筛选，这样才能实现其所要求的。这样的参与，不但体现在对选定的设计者所提交的设计结果的评估上，还应当体现在对设计的发展趋势，甚至是对特定的做法进行质疑和表达自己的看法，让方案设计作为一项行为活动，能够切实地承担起它所应承担的社会责任。

为此，应形成多个方案对比的工作方法与习惯。美国知名的景观建筑师葛瑞特·埃克博，在他还是个学生的时候，就已经非常重视对多种方案的对比。他在一个有 7.5 m 深度的基地上，进行几种不同的方案，来探讨其对建筑设计的多重影响。

（二）多方案比较和优化选择

多个方案进行对比是提升方案规划水平的一个行之有效的途径，每一个方案都要富有创意，既要有特色，也要有创新，但不要大同小异。不然，无论你想出多少方案，都是徒劳的。

在进行多个方案的设计之后，要对各个方案进行对比和分析，从而选出最适合开发的方案。在进行分析和对比时，应当着重于三个问题。

（1）对符合设计需求的情况进行对比。能否达到最基础的设计需求，是衡量一个方案成败的重要指标。再有创意的方案，若达不到设计的基础，也算不上出色的设计。

（2）个人特征有无显著性。一份好的设计方案既要有自己的性格，又要有自己的风格，还要有自己的魅力；一个没有个人特色的设计方案必定会看起来枯燥无味，很难有感染力。所以，这也是不好的。

（3）对可能的修正调节进行对比。每一个方案都有自己的弱点，但是有些弱点并不是绝对的，想要改变就变得困难，想要改变就会出现新的问题，或者说就会失去原本方案的优点。所以，对于这一类型的方案，必须引起高度的关注，才能避免潜在的风险。

在对设计的这些方面进行充分的考虑之后，最后确定出一个比较合理的发展方案。所确定的方案可以以一个方案为主要内容，同时兼收其他方案的优点，也可以将几个方案在不同方面设计的优势进行整合。

四、设计方案的深入

经过多个方案的对比，得出的发展方案是一个较为合理和切实可行的设计方案，但是目前的设计还停留在大想法和粗线条的理念层面上，在一些地方还会有一些问题。这时，还要经过一系列的修改和加深，才能实现最后的方案设计目标。

（一）设计方案的调整

方案修正期是对多个方案进行分析比较时所遇到的冲突与问题进行修正的过程。经筛选确定的需进一步发展的方案，在符合设计需求和具有个性特点方面都已经具有一定的依据，其调节应当适当，仅局限于对个别问题的部分修正和补充，尽量不对原方案的总体布局和基本思路产生任何影响或变化，从而进一步提高该方案现有的优点。

（二）设计方案的深化

要实现方案的终极目标，就必须经历由粗糙到精细刻画，由模糊到清晰实现，由概念到具体定量的逐步深入。在深化阶段，以扩大图形尺度为主，由浅入深，由大到小，逐级进行；另外，如何正确地使用言语，以达到和业主良好的交流效果，也是关键的。在计划进行深入研究时，应当重视下列问题。

第一，在各个部位的设计，特别是在形状上，必须要遵守普遍的形式美的基本原理，要注意对比例，节奏，虚实，光影，质感，色彩等基本原理和规则的掌握和应用，才能达到预期的目的。

第二，在方案的深入发展中，不可避免地要进行一系列的新的调整，不仅要使每一个环节都要进行相应的调整，而且要使每一个环节都相互影响，这一点要有足够的了解。

第三，方案的深入并不是一蹴而就的，而是要经过一次又一次的深入、调整的循环往复的过程，这需要付出的努力是难以想象的。所以，要想完成一个高水准的方案设计，不仅需要具有较高的专业知识、较强的设计能力、正确的设计方法，还需要有很强的专业兴趣，细心、耐心和恒心也是其必备的品质。

第四节　设计方案的模型制作基础

模型可以用三度空间的表达能力来展现一项设计，让欣赏者可以从各个不同的角度来观察和了解所设计的形体、空间以及它们与周边的环境之间的联系，所以，在某种意义上，它可以对图纸的限制进行弥补。随着环境设计方案的复杂性，随着其精巧的艺术创意，往往会产生一些无法想象的形状和空间，单纯用平面图来表述，很难将其完整地表现出来。在设计中，设计师往往借助模型对其进行酝酿、推敲和精炼。当然，作为一种表达手法，它还是有其局限性的，不可能彻底替代设计图。

一、模型的种类

从功能上来看：一是用于陈列的，大多是在设计图结束后制作；二是用于设计，也就是在进行构思时所使用的方案的编制和修订。第一个功能制作，更加精致，而第二个功能制作，则更加简陋。

从物质的角度来看，主要有下列类型。

（1）油泥（橡皮泥）、石膏条或泡沫条：一般用作设计造型，特别是在城市规划及居民区造型中使用较多。

（2）木板或三层夹板，塑料板。

（3）硬纸板或吹塑纸板：不同色彩的吹塑纸很容易制造，也很适合做建筑物造型。与泡沫塑料块相比，这种材料更易于剪切和粘合。

（4）有机玻璃、金属薄板等：主要是作为可以观察内部布局或结构的高层展览的模式使用，其生产过程比较繁琐，且成本较高。

二、简易模型制作练习

通过简单的模型制造与空间形态设计相结合的训练，既可以锻炼学生的想象力与创造性；同时，在进行空间构图训练的过程中，还可以让学生对制作模型的材料进行选择、使用工具以及制作简单模型的方法进行初步的了解。

（一）形体的组合练习

完成不同比例的长，宽，高；矩形，正方形的拼装。

原料与工具：泡沫塑料块、泡沫海绵（将其涂上一层绿，即可代表"绿化"部位），基板，电阻丝切割刀，以及胶黏剂。

制作方法与过程：①按作业需要量身订造；②调整切割器上挡板，使之符合所需切割的大小；③开启电门，切割泡沫塑料块；④将所需的各类立方体或泡沫海绵用粘接剂进行粘接。

（二）庭园空间模型练习

这个作业与前面两个作业的区别在于，除了要处理多种质感的材质外，还要处理每一个部分之间的比例尺，与人体的比例。而且，它的功能性和观赏性都很高，这也给它的制作带来了更大的困难。

材料和工具：以吹塑纸为主，用于制作大面积的地板，墙壁和屋顶。

制作方式：按照规定的尺寸制作基座（如1：100），在基座上标注出墙体、水池、凉亭等重要构件的方位；每一个份构件都是采用相应的材质制造出来的；对已制作好的各个构件进行粘接和调试；要注意的顺序是：先地面后地面，先大部分（例如房屋）后小部分，以及树的背景。

三、工作模型

工作模型指的是在上述设计过程中需要进行的建模，利用工作模型，可以将方案设计的内容以三维和空间的形式进行生动的呈现，可以产生更加直观的影响，这对改善和深化方案有着很大的帮助。

在设计阶段，"设计方案"与"制造模型"可以互相补充，使设计方案得以完善；可以从方案的平、立、剖面的初图阶段就着手进行建模，也可以从模型着手，借助模型的方便性，以及对其进行空间功能的变化，对方案的创意进行进一步的完善，并对其进行对比，之后在图纸上做出平、立、剖面图的记录。藉由这样的草稿与模式的反复修正与循环，可趋近并达成最终的构想。

工作模型的材质要尽可能选用容易制造，易拆卸，的材质，例如：聚苯胶块，卡纸，木材等。它的设计并不一定要非常精致，而要容易修改，要注重对空间关系和氛围表现的研究。

四、正式模型

正式模型不仅需要对最终的方案设计结果进行精确、全面的描述，而且还需要对其进行一定的艺术表达和演示。造型展现可以采用两类方法：一类是利用多种实物材质或替身，尽可能逼真地展现出造型中的空间关系效应；二是着重于特定的材质，例如卡纸、木片等，对真实材料的材质、颜色等进行简化或者抽象，其优势在于着重于对空间关系的把握，而不需要花费太多的时间去简单的材质模拟和繁琐的技术制造。

简而言之，环境艺术设计是一种具有很高实践价值的工作，无论是其方式还是所用的材质都没有固定不变的，它们都应该跟上潮流，只有在与时代相适应的前提下，才可以将其与当代的技术和材质相融合，才能创造出满足当代美学要求的环境艺术作品。

第六章 环境艺术设计实践研究

第一节 环境艺术设计实践的意义

一、我国城市公共空间设计的应用实践

（一）当前城市空间设计的现状

在当今社会，人们的物质生活越来越富裕的同时，对人类的精神生活也越来越重视。"重物轻人"，让人觉得自己没有了生存的地方，没有了人类的介入，大自然就会丧失其存在的价值，不能让人在其中获得身体和精神上的快乐。其实，人是城市的主要组成部分，因此，在城市的设计中，要做到"以人为中心"，使设计的尺度和舒适度与人相匹配，使设计的空间活力得以最大限度的发挥。从本质上来说，城市公共空间是一个城市生活的聚集地，它可以舒缓人类的心理紧张，同时也可以满足人类对自然环境的需求。

（二）城市空间设计基本要求

纵观国内外，为满足人类生活的需要，对城市公共空间进行人性化的设计。例如，为行人提供一种可以娱乐休息的设施，比如座椅、雕塑、锻炼设施等。这种设施的形式和布置应该与用户的多样化需要相适应，尽量做到具有亲和力和人性化，这样才可以让人感到满意。在这当中，更要体现出对儿童、老人、残疾人等特殊人群的人文关怀。一个与居民生活密切相关、精致典雅的公共空间，可以给人以舒适的感觉，是大众喜欢的一个娱乐场所，同时也是城市的一种人文景观。

（三）风格各异的艺术设计城市空间

由于公共艺术与一个城市的历史、发展、地域文化、风土人情等密切相关，因此，各大城市的特色也各不相同。即便是同一座城市，由于地理位置、规模和功能的差异，其设计形式也会有很大的差异。要把城市所具有的自然条件、人文历史等当作是其创意的来源，要与自然条件相适应，要对人文历史资源进行深入的发掘，要做到尺度与比例的统一，要把城市的多种元素融合到空间的组成之中，这样才能形成一个具有强烈的、具有独特性的主题，把知识性、艺术性、趣味性和人文性融合在一起，来充实城市的文化内涵。这种设计可以让人对它有一种认同和归属感，它可以变成人们的一种回忆，可以构成一种具有不同风格的、充满人性化的空间，并得到大家的喜欢。

图 6-1　展示上海 K11 的情感人文、雅静艺术和纯粹自然之美的商业空间设计

（四）充满人性化的设计

在项目的设计中，应尽可能地使人们的生活水平得到提高，使人与自然相协调。因此，在对城市公共场所的空间进行设计的时候，要对公共开放空间中的各种不同的、具有个性化的行为进行充分的重视，见图 6-1。被誉为"城市客厅"的这个广场，其功能十分齐全，适合举办大型会议，文娱演出，运动休闲，观光散步，休闲娱乐，购物等。由于活动在广场上进行的时间、参加的人数都不一样，人们对各种形式的喜好也都不一样，因此，各个地区都有自己独特的、带有浓郁人文色彩的"广场文化"。有些城区的广场上还设置户外咖啡厅、孩子们的风筝场地等。这样既可以让人在精神上得到满足，又可以让人在感情上得到满足，让身在此过程中的人感受到快乐。

二、城市公共空间设计艺术实践的意义

首先，在城市公共空间中进行的艺术创作，肩负着提高人们的视觉审美能力的任务，因此，人们作为一种心理上的主体，必然是一种对物质需求的超脱。所以，每个人都在为自己的生存和富裕而奔波，人们的生活变得越来越表面化，工作变得越来越程式化，文化也变得越来越破碎，人与自然、与自己的精神状态都变得越来越陌生。城市中的公共空间具有很大的艺术价值。通过调整人类的认知、审美和心理，实现人与人之间的和谐共生，实现最大限度地提高人的精神生态。这同样也在改变着人们的情感体验，在公共空间中，努力将艺术的创新精神和社会美学的教育职能充分地展现出来，从而担负起提高整个视觉关系的使命。

其次，其次，通过城市公共空间的艺术设计，创造出一种与城市环境、与历史、与文脉相结合的和谐的人文空间，来维持城市人的感情。人类对周遭事物的认识是靠感官的，对周遭事物的审美追求是人类追求的目标。我们的都市公共空间环境，不但赋予公众以直观的感受，又为人类提供一个以身体感受为基础的对周围事物进行感知并获取快感的契机。人类不但要求环境在视觉上具有艺术性，而且还要求其具有可触摸性，从而实现对外部环境的认识和审美目的。城市公共空间的艺术设计要注重与周围的和谐，要注重对人自身内部的要求，因此，在对城市空间进行构思和设计时，要尽可能地保持人性化，以符合人的现实要求。运用空间的审美含义，对其进行设计并进行交互，创造出符合人们需要的人性化精神环境。

三、环境艺术实践对教学的意义

环境艺术设计是一个复合性、应用性较强的学科。它的专业内容，既有居室空间环境、办公工作环境、商业空间环境、文化娱乐环境、公共事业设施环境等，也有很多不同类型的学科，比如建筑学、社会学、民俗学、人体工程学、法学、设计学等，而且还会随着社会的发展和科学技术的发展而进行更新和完善。所以，在进行环境艺术设计专业的教学时，一定要从现实的角度着手，在重视理论知识的同时，还要对实践性课程进行强化，要有针对性地提高学生的社会实践能力，要充分意识到实践性课程的积极功能和重大意义，并利用实践性课程的实施来达到较好的教育效果。主要有如下几点：

（一）有利于提高教学效果

不管我们做什么，都要重视的是成果，在我们的教育活动中，积极地进行实践教学，

能够使我们的教育活动变得更加丰富多彩，同时也能提升我们的教学效果。在专业学习的过程中，要重视基础理论的教学，让学生在开展实践教学之前，能够拥有一定的理论知识。"若不重视教学方法，仅仅是单纯地进行理论授课，学生势必会感到无聊，会降低对专业的学习兴趣，从而影响对理论知识的掌握。"为此，在教学过程中，应将恰当的实践教学过程纳入教学过程，构建一个以案例分析、设计方案展示、项目实施管理为主线的教学过程。在这个过程中，学生能够对专业理论知识有更深刻的了解，对专业实践技能有更多的认识，进而意识到，理论教育与实践教育同样重要。教师还可以在这个环节中，对专业的理论教育方法进行检查，检查其是否恰当，取得的成果是否显著，从而在这个基础上，对专业的教育方法进行更好的改进。教育是为实践而服务的，实践就是要把教育做得更好，要意识到实践教育在整个教育过程中所起到的巨大影响，要强化学生们的专业实践能力，要对实践过程中出现的一些问题进行有效的探索，要让自己的教学更加充实，从而提升教育的质量和效果。

（二）有利于加强师资队伍建设

"百年大计，教育先行，教育发展，以老师为本。"要想提升教学水平，教师的素质是根本，而教师团队的建立又是一个永远不变的话题，学校要做好教师培养的"摇篮"，开展职业实践是一种行之有效的方法。要强化教师的队伍建设，注重教学方式的创新，坚持"以教学为中心、教师为主导、学生为主体"的理念，建立为学生服务的观念，与学生进行沟通，营造一个良好的学习环境，不断提升教学水平。因此，构建一支结构合理、比较稳定的教师团队，是高校实施环境艺术设计课程的重要环节，也是高校实施环境艺术设计课程的必要条件。了解教师在教育过程中对学生的创造性思维、创造人才的重要性；强化实践保障；加强教师团队的实践性教育；加强教师在实践教学中的动手与业务技能。

同时，还应加大对兼职教师团队的建设力度，增加教师的数量，提高教师的实际工作水平。对社会中的教育资源进行充分的挖掘，在学校与学校、学校与企业之间构建起一条专门的、专业人才的沟通通道，这对于构建一支能够同时具备固定与流动、校内与校外相结合，并且能够达到对专业教育的需求的教师队伍是非常有利的。此外，这样的做法还可以帮助教师更好地去满足社会的实际需求，从而提升自己的实际操作水平，提升自己的教育水平。

（三）有利于活跃课堂教学氛围

在高校中，大力推行专业课的实践性教育，有效地提高了课堂的活力。在课堂上，教师只注重单纯的讲授，很容易降低学生的学习热情，降低学习效率。教师如果能够充分运用实际教学的每一个步骤，进行多种教学方式的创新，就能活跃课堂气氛，提高课堂教学效果。可以在教室里进行研讨。这种方式可以创造一种较为轻松的课堂氛围，使学生能够以教学的主体积极地参加课堂活动，并为他们提供一个自主反思的空间。身为教师，应当鼓励学生进行思维的碰撞，注重对专业设计的过程和方法的研究，教会他们怎样将所学的知识进行有效地应用，并将他们在生活中发现问题、解决实际问题的能力进行培养。教师要擅长对学生的创造力进行指导和激发，让他们用创造性的思考来丰富自己的设计观念，并在彼此之间进行探讨和交流，最终可以成功地解决问题。以学生为主体，通过交互探讨，深化他们对知识的认识，拓宽他们的创造力。让学生表达自己的看法，并互相学习和启发，从而找到问题的答案。这就是活跃的课堂氛围所带来的益处。

（四）有利于调动学生自主学习的积极性

学习者的自主学习能力与其学习的效果之间存在着紧密的联系。因为受到传统的教育方式和方式的影响，学生在学习环境艺术的过程中，常常表现出一种消极的态度。所以，教师要发挥引导和引导的作用，让学生尽快地熟悉大学的教育方式，制定自己的学习目标，将消极的学习转变成积极的学习。在教学过程中，在面对问题的时候，应该把学生放在学习的中心位置，让他们学习如何分析问题、解决问题，并积极地去发现新问题，并对他们解决问题的能力进行培养。

我们的教师也应该从单纯的授课，转向对学生进行引导，并对他们的专业设计方案进行优化，让他们从被动地接受知识，转变为积极地进行自我学习。同时，在教学的同时，还可以培养学生的实际操作技能，培养他们对职业实习的兴趣，从而发现并掌握职业实习的方法。在实践的时候，教师对学生提出明确的要求，让他们能够掌握运用设计理论、设计方法，并能动手完成实际设计课题。教师要全面控制、检查、及时反馈，并对其进行评估，用这种方式来检查教学成果，让学生在实际操作中进行设计和学习，在实际操作中学会观察、认识生活，逐渐提升自己的创造技能，让他们认识到实践教学的重要意义，从而提升对实践教学的兴趣，激发自主学习积极性和意识。

与其它课程的教学相比，环境艺术设计专业的教学更具实用性。在课程的实施过程中，应加大实训的力度，充分调动学生的积极性和主动性。它不仅能促进教学改革，加强教师队伍，而且能活跃课堂气氛，调动学生的学习热情。要重视实践教育的影响，将课堂上的教育与实践教育有机地融合起来，将实践教育落实到具体的工作中去，只有如此，对提升专业教育的成效，也对将教育与社会生产联系起来更有好处。

第二节 环境艺术设计的基本事务

一、环境艺术设计实践的类型

（一）城市开发设计

主要学科：建筑师的传统学科，它要求与建筑师、景观设计师等相关的学科相配合。

特色：主要表现为以基础属性、场地与邻里规模为主要特点的都市发展进程，例如都市综合发展等。

工作要点：在设计师的总体指引下完成"局部"的设计，着重于具有场地属性的空间形式。

（二）政策、导则与控制设计

主要学科：规划师的传统学科。为建筑师，景观设计师，环境艺术等有关学科的工作人员提供技术支援。

特色：以规划尺度为主，以预测、引导和控制城市发展过程中的设计品质。在外向型的开发过程中使用。

工作要点：①区域评价，展示设计战略和政策；②设计指南和设计概要；③进行试验设计，或者说进行"美学"的对照。设计成果大都是纲领性的文件。

（三）城市公共领域设计

主要学科：与工程师，规划师，建筑师，景观设计师和其它职业协作，这是环境艺术设计重要的工作领域。

特色：包括对"主干网络"（如干道，街道，步行道或人行道，公共汽车站，停车场和其他市政设施）的设计，具有广泛的比例关系。

工作要点：①特殊工程的设计和实施；②地域文化特征的改良；③场地的继续运作和维持。

（四）各类型的景观设计

主要学科：以景观设计师为主，环境艺术设计师与其他专业配合支持。

特色：尤其是在社区尺度上，强调各个关系之间的协调。特别重视绿色空间系统的跨区角色。

工作要点：运用所有可行的方式和技术，以满足用户对环境尤其是绿色空间的多种需要。

（五）各类型建筑的室内设计

主要学科：要求建造师技术支援的室内设计专业。

特色：以对建筑的功能和用途的多种需求为基础，把创造内部气氛和对空间的基本功能需求作为主要目的。

工作要点：利用各种形式的视觉材料和形态手段，展开对功能区域的规划和装修、家具布置、灯具布置等工作，比如办公空间、商业空间等。

（六）展示设计

主要学科：与策划、视觉传达等相关学科协作完成的室内设计专业的一个专门学科。

特色：对整个形态进行重点关注，将空间造型作为其最重要的方法，同时与灯光、音响、数码设备等硬件设备相结合，将其传递给观众的整体视觉效果作为最终目的。

工作要点：在各个场馆中应用信息交流的空间形态设计。

二、环境艺术设计的生成过程

在实际的生活中，人们以自己发展的需求为依据进行环境艺术设计，经过思考和决策，主动地对周围的环境进行改造。这种创作活动必然会对人们的生产生活造成很大的影响。所以，在进行创造之前，我们一定要认识到，每一件作品都是在特定的时间，特定的地点，通过特定的内在因素和外在因素的影响而形成的。因此，设计的成果绝对不是偶然的，也不是凭空的。相对于其它的设计类型来说，设计的成果更多地表现出综合性的特征，更需要设计师拥有能够精确地发现问题、理性地分析问题和科学地解决问题的综合能力，而这种综合能力就是在设计的产生过程中表现出来的。

（一）立项阶段

根据所给的图纸的深度，在设计阶段中的具体作业可以划分为方案、扩初和施工三个阶段。

1. 方案设计

设计主要包括：市场调查，整体功能分析，结构分析，整体概念设计。

设计要求：进行资源普查与市场调研，收集建议，进行专题研讨，完成设计方案概要，环境分析图和其他基本资料。

设计目标：对当前存在的问题进行阐述，对优秀的案例进行剖析，并给出一个初步的设想，明确设计理念、设计特点与发展方向。

2. 设计扩初

设计主要包括：对功能节点进行分析、对视觉和空间形态的设计、对相关技术的辅助分析、对设计模型的构建。分区细化功能解析，节点分布，重点突出，着力解决主要矛盾，与同类案例进行对比，批判性地吸收，并提出详实的方案。

设计需求：地形高度，材料分布，重点区域和结构细节的设计。

设计目标：对主要节点和空间进行设计，并将设计的细节意图表现出来。

3. 施工图设计

设计内容：在扩容阶段对设计图纸进行修改和完善。

设计要求：每一项设计内容的尺寸，材料规格，施工方法，均一一标明，并附有设计说明。

设计目标：制作大样细图，以真正指导施工进度，并建立施工图集目录。

（二）设计阶段

在设计的生成过程中，因为多种原因的相互影响和限制，所以设计的过程中充斥着多种可能性。有些时候，设计师对问题的解答是一步一步进行的，有些时候会出现一个循环交织的情况，有些时候，也会为了更好地解决问题，找到更有意义的设计方法，而在同一时间，对多个方法进行对比。

（三）施工阶段

不管在什么环境下，我们的目的都是为了更好地处理设计过程中每一个步骤中存在的问题。在对设计流程进行科学化、法律化的归纳与应用时，我们不能因为一味地追求僵化的合理的逻辑，而忽视并阻碍创意思维的生命力，进而限制设计师的创造力。有时候，在设计中加入想象力远胜于一丝不苟的步骤。

（四）评估阶段

在对环境艺术设计的过程中，应该看到设计师对现场、用户和各种利益集团之间的深入了解。经过反复的研究，可供选择的方案变得愈加狭窄，体现了方案在设计者心中的独特性。了解当地的环境条件，包括地形，植被，气候等；用户的知识包括用户的历史，文化，生活习惯等；其中，设计投资成本，设计收益，设计目标，设计动机等都是利益集团的重要内容。许多因素决定并推动着设计朝着更加明确和理性的方向发展。唯有这样，设计结果才不再是一种空中楼阁，它才是一种符合客观与主观的需要，具有一定的价值的设计成果。

三、环境艺术设计的成果形式

一件环境设计工程从创作到完工，其中最为重要、最为关键的是设计构思与成型。设计本身所具有的智慧，以及对工程前景的分析与评估，是设计价值最直观的反映。由于项目的不同，设计师的理念和技术的不同，在这个阶段的效果表现出不同的层次，总结一下，主要分为四种。

（一）草图型

所谓的草图型，就是设计师用草图演绎的形式，来表达自己的想法。一般情况下，一项设计工作在初期的效果形式。然而，这种由设计师亲手绘制的草图，却可以很直接地表达出设计的目的，甚至可以说是后续工作的大纲。

（二）文本型

文本类型，强调的是设计过程，工作方法，以及问题的解决方式。这是一种具有很强系统性结果表达方式，它注重事物的整体性，在很多情况下，它被广泛地应用在城市规划和城市设计中，它属于纲领性和指导性的政策执行。

（三）分析型

分析型，强调的是对事情的剖析与了解。运用图形分析的方法，将设计的原因形象地、理性地、解码式地表达出来，这是一种非常专业的方法。在分析型的设计结果中，设计师的手绘经常被用来进行表达，这是由于手绘的过程中蕴含着设计师非常生动、原始的思维过程。

（四）表现型

表现型，就是强调对事情的将来形式的描绘。通过对设计形象的精雕细琢，突出设计前与设计后的反差，以及设计的效果与意义等，使设计更具前瞻性。

在设计编制阶段和设计成型阶段，是设计实施过程中最重要的阶段。这四种设计结果在大多数情况下都是相互互补的，它们都是设计者大脑和智力的结晶。

第三节　环境艺术设计的基本程序

环境艺术是一个充满智慧和创造性思维的复杂的活动。在整个设计过程中，它包含两种不同的思维方式，即："分析"和"直观"。二者之间既存在着互补关系，也存在着对立关系。互补能够启发创意，创造好的创意，但对立的冲突常常会造成设计失误，乃至失败。因此，在设计过程中，应该充分发挥二者的优势，尽量减少或避开二者之间的干涉与冲突。对设计过程进行适当的分类，可以使我们更清楚地看到两种不同的思维方式在某个过程中各自的位置和功能。例如，我们可将环境艺术设计所包含的内容，简单地概括为：理性观点（资料归类、数据分析、课题发展、施、工常识）与感性观点（造型及形状组合感觉、色彩配置、美学思想表达等）。很明显，一个设计过程就是一个帮助设计师整理工作和寻找最佳设计选项的步骤体系结构。

环境艺术是一个综合性、系统化的工作。设计过程涉及到业主、设计人员和施工单位等多个领域，涉及到建筑，结构，电力，给排水，空调，园林等多个领域的相互协作。并且要经过相关的政府部门的审批和审核。要想让环境艺术设计工作更好地开展，就一定要建立一个良好的流程。

但是，因为环境艺术的复杂与系统，对于其规划方案的划分，至今尚未达成全面共识，也无法达成绝对共识。环境艺术设计过程通常要经历设计和施工两个过程，具体过程可以分为以下几个阶段：设计环境、设计筹备、概要设计、设计发展、施工图与细部详图设计、施工建造与施工监理、使用后评价与维修管理。

一、环境艺术设计实践环境的营造

设计的精髓就是要有创意，要有意义。但是，目前许多的环境艺术设计都是为了设计而设计，往往会产生一些没有依据的设计，只有设计者的主观想象。当今的社会中，并不缺乏具有丰厚"知识"的专业设计人员，但却缺乏熟练的"魔术师"——环境艺术设计人员。

环境艺术设计课程以培养实用型设计人才为目标，然而，学生是否具有实用型的能力呢？这一点需要我们深思。由于掌握和应用是两个不同的概念，要使学生具备应用所学的知识的能力，就需要将教育同实际工作密切地联系起来，去理解社会，去理解它的需要。毫无疑问，实践教学方法能够明确教学目标，提高教学质量，是一种最简单、最直接、最高效的方式，它是将理论与实践进行相互转换、相互影响的一个关键步骤，它也是让学生明确学习目标，检验自己专业知识掌握到什么水平的一种重要方式。同时，积极营造良好的学习氛围，为大学生创造良好的学习环境。

在当今的时代，人们对"人才"有了新的认识，在这个时代，人们不但要有自己的专门技能，还要有将自己的专门技能进行转换和运用的能力。传统的教育方法往往侧重于"习得"这一过程，却常忽视学生在学习中如何转换和运用所学的知识。但要达到这个目的，还需要在理论和实际相结合的基础上进行。而在设计过程中遇到的"突发事件"，往往无法用课本上的抽象理论来处理，只能通过对实际问题进行详细的研究，从而达到更好的效果。这样的人才，才能适应社会的生产。

在上个世纪末，当环境艺术设计这一职业的"身份"被确立（且仅局限于少数大的艺术学院）之后，这一职业与设计相关的学科领域，也就正式确立了它的地位。环境艺术设计教学应是一个循序渐进、逐步累积的过程，短期的学科教学无法构建出一个完备的环境艺术教学系统。当前，高校的环境艺术设计教育仍然存在着惰性，受到传统的教学模式和教学理念的制约，还处于让学生们认真地学习设计理论和训练效果图的阶段。这是一种舍本逐末的做法，失去了一个设计者的真实目的，还怎么给学生创造一个好的实习环境？。

在当前的信息社会中，高校环境艺术设计教学应该采取校企合作的方式，为学生提供一个真正的实践环境，只有这样，具有较高实践性的环境艺术设计学科的发展，才能真正地打破这个"瓶颈"。高校环境艺术设计教育是一种与社会发展密切相连的学科，在高校教学中，若不能充分认识到学生对实际的需要，就无法制定出与现实相适应的教学目的与方式。如果学生对实际工程不够熟悉，就不能对所学的知识进行测试，也就不能将其与自己的特征相结合，从而确定自己努力的方向。因此，由于校园与社会的脱离，将导致环境艺术设计类学生出现虚假"饱和"的现象，从而导致社会对人才的需求不足。

目前，因为没有明确的教学目的，所以，学生们学起来非常吃力。比如设计讲座，比如专业的设计理论书籍，学生都在争先恐后地学习，唯恐错过了机会。随着时间的推移，模糊的概念逐渐变成了"疑问"，最终使本来就不甚了解的术语变得越来越模糊，越来越繁复。目前，我国高校工科类新开设的艺术与设计类专业，仍沿用传统的教学模式，缺乏实践性。在毕业之前，他们都是在学校里学习，直到毕业之后，他们才会按照学校的要求，进行一次社会实践。在这个与社会接触的过程中，大学生在毕业实践中遇到了不少的问题，存在着与社会需求不符的现象。造成这一现象的主要因素是：教师的教学与社会的需求相脱节；在其他国家，这个领域是非常注重学生的动手能力的，比如在德国，就有一种很好的教学模式，那就是学校和企业之间的协作，这种模式以学校和企业之间的协作为主。在采用专业教学的方法时，首先通过设计公司，向学生们提出一些特定的设计要求，然后教师会在这一特定问题上展开理论梳理与设计分析，并将学生们的设计定位与设计月标分析相结合，最后将所产生的设计方案向教师们展示出来，在获得教师们的认可之后，教师们会向教师们讲解，最后，教师们会在教师们的认可之后，教师们会向教师们解释，最后，在三方议定的情况下，设计方案才会被确定下来。上述的课程不仅可以培养学生的设计思考能力，还可以提升他们的社交交流能力和设计方案的分析和表达能力，还可以更好地了解国际和国内的设计趋势和发展趋势。德国成功的设计教学模式值得我国学习。

作为一个极具实践性质的学科，环境艺术设计专业的教学任务就是培养具备实践技能的人才。因此，这种实用的技能肯定是有一家公司根据社会需要，而非校方和学生自己的评估和评分。如果设计学院所培养出来的学生无法满足社会的需求，就像是一家工厂将劣质的商品供应给了社会一样，所以，最主要的问题就是如何处理好商品的销售，这是一所大学所要面对的问题。

随着城市建设的不断深入，人们对建筑行业中的环境艺术专业人员的质量需求也与日俱增。人们经常看到的一点是：在设计公司的招聘中，一般都会有一定的实际工作经验，没有一个公司愿意要一个不能给自己公司带来直接收益而需要经过训练的设计师，而且在设计领域，跳槽的概率也是很高的。当前的现状，对我们的艺术设计学院提出一个新的需求，那就是重新构建和调整环艺的课程体系，增加实践教学环节所占的比例，从而达到培养出一批能够适应社会需求的设计人才的目的。由于我们是一个发展中国家，所以我们应该结合我们自己的实际情况，找出一种适合我们自己的环艺教学系统，而不是照搬外国的教学方式。中国的环境艺术设计教学应从两个角度进行改革：

首先，在教育环节，例如在课程设置上，要以"实际"的真实试题代替虚拟试题；由于这种"虚拟"空间在环境艺术设计的课程中扮演着"实践"的角色，使人产生一种在"现实"中进行实践的错觉。通过这种方式得到的间接经验虽然具备一定的可靠性，但它并不能对学生所学到的专业知识进行真实的测试，也不能让他们的独立学习能力得到提高，更不能让他们拥有一种适合于自己的针对性学习。所以，要精心挑选与本专业密切有关的主题，要对教学实践的可参与性和参与度进行充分的思考，不仅要满足学生的实际需要，还要提升他们的兴趣，还要让他们能够对教学实践的各个环节进行全面的参与。这就是我们要挑选的主题。

其次，要建立与企业的长效关系，让企业成为学生的"二次教育"。刚进校园的同学，首先要进入企业，熟悉企业的工作情况，熟悉企业目前和未来所需的技术，以便更好地确定自己的专业技术方向。学生在二年级的时候，应当频繁地参加公司提出的案例设计、点评，以此来提升学生的口语表达能力，让学生与社会和公司的接触能够持续地进行下去，从而获取更多的专业信息，并建立起自己的学习目标。在结业阶段，学校和企业应当让他们作为"半设计师"，参加企业的设计发展，以增强他们工作的自主性和社会性。唯有通过与社会、企业和客户的接触，才能更好地理解社会，更好地推动创新。比如如何运用新材料、新技术来对设计风格进行更新，同时还可以提升解决问题的能力。学校、社会和企业可以为大学生搭建一个更加宽广的就业平台，从而达到双赢的目的，促进中国高校环境艺术与设计的发展，并为其培养出更多的环境艺术设计专业人才。

二、设计筹备阶段

（一）与业主沟通

在与客户联系之前，进行前期的交流与理解是进行设计前期工作的首要步骤，也是整个设计实施流程中的一个关键步骤。对业主的兴趣需求给予适当的合作和指导，详细而准确地了解业主的需求。环境艺术设计的规模，使用对象，建设投资，建设规模，建设环境，近远期设想，设计风格，设计周期，以及其它一些特别的需求。要在调研期间作好详尽的记录，以便联络，商量方案及探讨方案时查询。和业主联系的方法有很多，可以通过和甲方一起召开会议，并将对方的需求做好记录。有一种可能性是，相似的调查将会被做很多次，并且需要将每一次被修改的请求写成文件。并将其与业主所提的设计请求及文件（任务书、合同书）一起，作为设计的基础。

如果需要的话，可以对设计成本进行预估，并与对方签订一个初步的协定，以免以后产生误会，造成许多在协作中的问题，乃至引起法律纠纷。

（二）信息的收集

在一个工程建立之初，设计师就应该对工程中所涉及到的各项相关的资料和需求进行充分的认识和把握，其内容主要包含如下两个方面：

（1）国家政策、法规和经济技术状况．如城市规划中的环境艺术性要求，包括土地利用范围、建筑高度与密度的控制；政府部门制定的有关防火和卫生等方面的标准，市政部门对环境场所形式风格方面的规定，相关方面所能提供的资金、材料、施工技术和设备情况等。

（2）基地情况。对与基地地形地势有关的信息进行采集，比如：交通、供水、排水、供电、供燃气、通信等方面的信息。在缺乏相关的图文资料的情况下，可以使用仪器对基地的各种地形地貌图进行测量和绘制，其中包含天然的山岳、河流、土壤、植被、地下水、房屋、道路、气象、噪声情况的地形图、平面图、剖面图等各种图表，以便在实际工作中使用。

（三）基地分析

无论天然还是人工，每个基地都有不同程度的独特之处，这些独特之处不仅为我们的设计创造了可能，同时也对我们的设计提出了许多限制。根据基地的特性来进行设计，往往能创作出既能与基地和谐统一又不失个性的设计作品。相反，若不能对其进行充分的认识与分析，则在进行设计时将会出现许多问题与难题，从而使设计难以获得成功。所以，在环境艺术设计和施工之前，对基地进行调研和分析，是一项非常关键的工作，它也是帮助设计师们处理好基地问题的最好的方式。

对基地进行的调研和分析，其工作重点是：

（1）自然环境因素，包括地形，地形，方位，风向，湿度，土壤，降雨，温度，风力，日照，基地面积等。

（2）环境状况，主要包括：日照，周边景观，建筑外形，给排水，通风效果，空间间距，通道走线，维修管理等方面。

（3）人文环境状况，主要有都市，村庄，交通，治安，邮政，法规，经济，教育，娱乐，历史，习俗等。

另外，在对基地进行分析时，还会考虑到业主对基地的具体要求，资金状况，物资使用等方面的影响。在对基地与环境进行调查、分析和对基地进行现场的测量，并将相关图表绘制好，并对业主的要求与设计者的理想构想进行分析和总结，应该将设计上要达到的目的与设计时要遵守的原则进行梳理。

（四）设计构思

在对基地进行详细的研究后，便开始对基地进行设计构思。在设计构思中，应该尽可能地将其进行图示化，在设计构思中，最主要的一点就是要用心地对环境的功能关系进行剖析，要对各种行为和活动的相互影响进行考虑，要对各种空间进行合理的安排和处理，要尽可能地做到合理有效。其设计构思可分为"理想功能图示"、"基地关系功能图示"、"动线体系计划图"、"外形组合图"等阶段。在构思阶段，除了借鉴图示思维法之外，还可以使用集思广益法、形态结构组合研究法、图解法和公众参与等思考法。

三、概要设计阶段

经过设计准备期，设计师就开始设计的创造，概要设计的主要工作就是要把这些全局问题都考虑进去。设计师对拟建成的环境地点与城市发展规划、与周边环境的现状之间的联系进行全面的分析，并以基地的自然、人为条件及用户的需要为基础，给出一个初步的设计方案。在设计过程中，设计师要将功能与审美因素相融合，在某些情况下，还要考虑历史与哲学因素。以路易斯·康为例，他在美国加州沙克学院进行的一项概要设计，就是要将各个设计因素（比例，尺度，节奏等）之间的功能联系与审美因素综合表现出来。

概要设计是指平面，立面，剖面，总平面，透视图，简单的模型，并用文字的描述来表达的。

概要设计将空间功能关系，动线系统计划，以及在上一阶段所进行的造型组合图，发展为具有清晰关系的详细图纸，比如沙克研究院的"概要平面图"，它勾画两套重要的建筑体量。随着建筑物之间的联系和建筑与室外的联系，并有基础框架的建立后，下一阶段的概要平面图将更加详细。

在完成了设计师一次又一次的对概要设计进行修改之后，通常都会得到业主和有关部门的同意，接着就会进入下一个阶段：设计进展。

四、设计发展阶段

经过概要设计阶段后，在功能，形式，意义上，已经基本决定了不同的设计理念和表达方式。在设计发展阶段，主要是对概要设计中遗漏的和没有考虑周全的问题进行弥补和解决，对不同的表达方法（图纸和模型）进行改进，最终形成一套更加完善和详细的，能够对功能布局、空间和交通联系、环境艺术形象等问题进行合理解决的设计方案。这是一个比较重要的环节，在这个环节中，整体的设计构思逐渐的成熟。在设计进展阶段，经常会征求电气、空调、消防等相关的专业技术人员，以自己的技术需求为依据，对其进行修正，之后再对其进行必要的设计调整。

瑞士的马里澳·博塔（Mario Botta）为法国香柏瑞市所设计的文化中心，除将建筑地表层平面关系置于基地之上，以决定室内外与整体环境之间的关系外，还运用着重于屋顶形态与阴暗的总体方案，展现出高度感与植物的设计效果。在平面图中，不仅将所有的空间，动线、柱子、开窗位置等都明确出来，还将空间中的小体型家具的摆放方式都交代清楚，还对设计方案中的空间之间的关系进行更深层次的解释。

要想要将一个立体的环境空间展现出来，在平面上，二度空间的各类图之外，详细的轴测图、效果图和模型能够更好地展现出在这个环境中的体量、位置关系，能够更好地体现出材料和颜色。德国海尔姆霍尔茨广场，位于柏林，普伦茨劳贝格区，制造精确，可直接反应材料与色彩，体现出空间与形状之间的联系。

五、施工图与细部详图设计阶段

在设计进展阶段结束之后，要进行构造计算和工程图纸的编制和相应的细节详图的设计。施工图与细节详细图是整体设计工作的深化与具体化，它是一种以建筑形式和具体施工方法为核心的设计。

施工图设计，又称为施工图绘制，在设计和施工中起着重要作用，是设计和施工的最直接基础。其主要内容有：全部场所及各部分的施工方法及准确尺度（包含建筑材料）；各类装备系统的计算，模型建立及安装；各种技术工作的配合与协调；制定施工规范和项目的预算，制定项目进程表等。

细部详图设计就是要在施工的实际操作中，处理好设计细节与设计整体的比例，规模，风格等方面的关系。例如：建筑的细部构造、园林设施和绿化等草图。环境艺术设计，是对环境进行深化和细化的一种设计。细节设计常常使作品精彩绝伦，细节设计也常常使作品富有人情味。

施工图与细部详图设计，重点既要反映出设计方案的总体意图，又要考虑到方便施工和节省投资，采用最简便有效的施工方法，在较短的施工时间内，以最小的投资获得最佳的施工效果。所以，设计人员需要对各类材质的性能和价格，施工方法，以及各类成品的型号，规格，尺寸和安装要求了如指掌。施工图与细部详图设计应清楚，详细，正确无误。

在此期间，由于技术上的原因造成设计上的更改或差错，应当立即进行修改或改正。

六、施工建造与施工监理阶段

"施工建造"是指承揽项目的施工人员运用多种技术方法，根据平面图的要求，将建筑中的各个物质元素，真实地转换成具体的空间。在环境艺术中，因为植物和动物拥有着旺盛的生命力，所以植栽、绿化的施工与其他施工不同，施工的方式对植物的存活率有着直接的影响，同样也对设计目标能否被正确地、充分地表现出来产生重要的影响。

在获得施工图纸之后，通常需要对施工进行投标和选择。完成后，由设计者对施工企业进行技术指导，并对施工企业提出的难题进行解答。在进行施工建设的时候，设计师要与甲方共同完成定货选样，选择材料，选择厂家，对设计图纸中没有交代的地方进行改进，解决与各个部门之间发生的矛盾。在设计的图纸中一定会有一些与实际的施工不一致的部分，并且在施工过程中也会出现一些我们在设计中没有考虑到的问题，设计师需要按照具体的情况对原有的设计进行必要的局部的修改和补充。此外，在施工完成之后，设计师还要经常前往施工工地对施工质量进行检验，确保施工的质量以及最终的总体效果。

七、用后评价与维护管理阶段

"用后评价"，就是在工程建成并交付使用之后，用户对工程的功能和美学等方面的看法和意见，要以图片和文字的方式，清楚地向设计师或设计团队反映，以便他们能够及时地对工程进行修改和改进（比如，利用植物或墙壁上的壁画、装饰等进行修改和改进）。同时，对于今后进行相似的设计时设计师也会有所帮助。"用后评价"的开展需要用户的主动合作，并经过调研、分析、统计等，得出更加详细、更加科学的数据。

在对建设工程认真的规划和严谨的管理下，该工程才能建成并投入使用。使用后的维修和管理工作必须随时进行，以保证周围的环境整洁，建筑物、构筑物和设施不受损害，动植物的正常成长，保证用户在这里的安全、舒适和方便。如此可以维持和改进设计的结果。例如：一个漂亮的办公室或院子往往是经过一段时期的保养和经营，办公室空间整洁明亮，空气清新，植物茂盛；院子里树繁花茂，花香扑鼻，溪水潺潺；池塘中的岩石上长满了苔藓，游鱼在其中嬉戏，这就是浓郁的生命与美丽的魅力。

普通的建筑场所和私家庭院，大多都是以住户自己的方式进行养护和管理，但是在某些社区中，像公园、广场、公园、街道、公共室内空间等，除了要有物业公司对它们进行养护之外，还要有一定的公共道德意识，这样才能提高养护和管理的效果。在设计过程中，设计者应该对各种设施的设计和建设方法进行充分的考虑和完善，尽量排除可能存在的危险因素，为今后的维修和管理工作提供最大的便利，降低工作的难度。

而在实际工作中，要做到这一点，就必须做到面面俱到。纵观设计流程，一名优秀的设计师不仅要具备较高的文化素养，更要具备一名优秀的外交能力，能够将设计中所涉及到的各种因素进行有效地平衡，从而实现自己的设计思想。从准备工作开始，一直到项目的完成，环境艺术设计不再仅仅是一种简单的艺术创造和技术建设的专业活动，而是一种社会行为，一种由公众参加的社会行为。

第四节　环境艺术设计的表现

一、环境艺术设计表现的功能与特性

（一）环境艺术设计表现的功能

建筑绘画是一种综合了艺术性和工程性的绘画，其主要功能有以下几个方面：

（1）表述理念。在设计计划的过程中，对设计平面、立面关系和截面关系进行分析和论证，并进行几次徒手绘图。

（2）对计划进行斟酌。在设计构思成熟之后，需要进行多视角的方案推敲，对效果图的快速表达能力提出要求。

（3）形象展现。在一个方案结束之后，为了跟其他方案进行沟通，一般规划、设计、管理部门，建筑和施工单位等都会有一幅在项目完工之后的实际形象的效果图，以便进行审核和参考。

（二）环境艺术设计表现的特性

1. 客观性特征

所谓客观性，就是在所处的环境中，建筑绘画所呈现出来的效果，一定要与其所处的客观实际相一致。在建筑内部和外部空间的比例和尺度，空间造型，立面处理，细节处理，背景衬托，都要与设计预期的效果和氛围相适应，不能随意更改空间限制，也不能偏离设计的目标，更不能如普通的绘画一样，在画面上一味地追求"艺术趣味"。对于建筑表现画而言，客观性是最重要的表现特征，除此之外，它还应当有较明显的解释力，因为大部分的建设部门和业主（甲方）都是通过建筑画来体会到建筑设计理念和完工后的效果。

2. 科学性特征

所谓的科学性，就是要确保建筑画具有客观性和真实性，防止在绘画的时候，被人任意地改变或者扭曲建筑的设计立意。所以，在绘画建筑画的时候，作画者一定要用一种科学的态度来对待画面中的每个部分和细节。所以，对于建筑绘画的构图、起稿、正式绘制以及对光影色彩的处理，都要遵守透视学、形态学和色彩学的基本法则和规范。

3. 艺术性特征

艺术性，就是对画面构图、透视知识与材料质感、光影表现能力的掌握，全面运用对建筑内部和外部空间气氛的塑造和构成规则，对建筑的最佳表现角度进行选择，对其进行最佳的颜色搭配与光影的塑造，营造出最佳的环境氛围与对画面构图进行创造性的处理等，这些都是以客观性和科学性为基础进行的艺术创作，同时也是对建筑设计自身的一种深入和发展。

4. 创造性特征

创新性，就是建筑画有别于普通的绘画，不能按照实际情况来绘制，而是要根据建筑的平面图、立面图和剖面图，在不违背建筑的空间构造的情况下，有创意地进行创作。从 2D 图形到 3D 图形，再到 2D 图形的表达。所以，在进行建筑画实践的时候，应该利用对已经建成的空间进行素描，来培养观察和分析对象的能力，进而提升自己对空间意象的感知。

二、环境艺术设计表现方法分类

（一）根据绘画使用的工具来划分

（1）笔毫较软的笔绘画（用毛笔蘸上调色溶剂绘画）。水彩、水粉、淡彩、国画、丙烯、透明色。

（2）笔毫较硬的笔画绘画。铅笔、炭笔、绘图笔、彩色铅笔、马克笔、喷笔。

（3）两者穿插使用。铅笔水色烘托、钢笔浅着色。

（二）根据绘图方式划分

（1）徒手绘画（主要用来绘制草图）：对方案进行构想、斟酌、修正。

（2）工具绘画（多用于正规图纸）：作为方案定稿、查阅、表现用。

（三）根据绘画时用色与否划分

（1）黑白色绘画：效果天然淳朴，比如素描、速写、水墨渲染。

（2）彩色绘画：生动真切，比如淡彩画、重彩画。

另外应该提及的是：计算机绘图，3D动画演示。

三、环境艺术设计表现的工具及技法

（一）环境艺术设计表现的工具

1. 绘图的工具

对绘图工具进行环境艺术设计的基本要求。

（1）绘图纸张：绘图用纸、备份用纸、硫酸纸。

（2）绘图笔：有铅笔、针管笔。

（3）绘图用尺：有丁字尺、比例尺、平行尺、三角板、曲线板、消字板、模板、量角器、直线规、分段规、圆规。

2. 绘画工具

建筑绘画中所使用的工具，与其它绘画不同，并不局限于特定的工具，可以说，只要能达到所要的效果，什么工具都能用。因此，在建筑绘画中，不但要将多种工具都运用好，还应该灵活运用，组合运用。

基本的工具归类如下：

（1）用纸：绘图纸、素描纸、硫酸纸、水彩纸、水粉纸、色纸、卡纸。

（2）用笔：毛笔（叶筋，勾画植物、纤维等）、喷笔、铅笔、钢笔、绘图笔、马克笔、水彩笔、排刷、尼龙笔（表现结构）、彩色铅笔。

（3）用颜料：水粉、水彩、透明色。

（4）辅助绘图工具：蛇尺、尺子、靠尺、曲线板、鸭嘴笔。

（二）环境艺术设计表现的技法

对于两种表达方式，即"绘图"和"绘画"，将"设计表达技巧"也划分为"绘图技巧"和"绘画技巧"，但二者并非相互分离。两方面的完美融合，才能成就一幅作品。

1.绘图技法

绘图技巧多应用在计划表达及速写方面。平面设计图中的设计分析图，平面图，立面图，剖面图和立体图。

一幅作品能够引起观者的关注，而这种关注的强度取决于作品的质量和主体的表达。在图像中，可以使用次要场景来帮助主体，从而凸显主体。而在景观设计图上，将主要的景点布置在地图的中央，并用更细致、更精致的线条来描述。

在画面中，陪衬体及背景是减缓视线紧张的休止符，可以防止人们的目光过分关注某一点而感到疲劳，所以，背景或副景最重要的作用是"暂时将目光由主体中引导出来"。另外，运用一些装饰品，如汽车，船只，人物等，在画面中产生一种动静节奏，让观者在幻想的空间中遨游。一般来说，在绘画中，最主要的就是主题，画面越简单，主题也就越明显，画面的主要线索越明朗，趣味也越深。所以，在对画面进行处理的时候，除了要强调主题之外，还可以将其他的景物作为背景。

与艺术画不同，设计图可以随心所欲地表达出来，它在内容中要对一些符号进行简化，而对夸张的表达效果也要按照设计绘图的规律来进行，比如，它的尺寸和大小是不能随意改变的，而对整体画面的生动效果的控制，是与一般绘画原理相一致的。

绘图时要注重布局的均衡和平面的立体感和深度。在这一原则下，我们将对变现技巧进行更深入的解释。

（1）图面构图技巧。

一般情况下，平面图的范围线主宰着整个设计内容的外框，而设计内容的繁简决定了画面上的重心比例，在进行绘画的时候，可以使用线条与纹理表现法来对画面的重心进行突出，并让画面达到一种均衡状态。

①用横向构图来表达稳定和力度。

②竖向构图给人以庄重、端正之感。

③三角构图具有给予视觉上的强烈刺激，而又往往令人感到愉悦的特征。

④矩形构图常被人们所喜欢，所以施工图，平面图都采用这种方法，使平面均匀地分布在整个画面上。

（2）图面着色。

在环境艺术制图中，一般采用纯黑的线描，但也会在画面上涂上色彩，以加强画面的效果。在用颜色时，如果是透视图，可以用山水画的方法，用真实的颜色来涂；在给一个平面上色彩时，它的色彩通常以下面的方式表达：

建筑（房子）---- 深红色

灌木丛 ----- 棕色或黄棕色花园道路 ----- 浅棕色

松柏 ------- 青绿色

青草 ------- 浅黄色

常青阔叶树 --- 浓绿色

花圃 ------- 粉色

落叶型阔叶树 ---- 浅棕色或浅绿色

水 ------ 浅蓝或深色

要增强视觉上的影响，可以加入较暗的颜色，以产生三维的暗影。

（3）深度感表现法。

现实中的东西是三维的，东西之间有距离，有深度，有空间，而绘画则是二维的平面作品。一幅好的平面绘画，应该给人以一个长、宽、高三种维度的视觉感受，并把观者引入到一个具有想象力的图像空间。对于纵深的感受，一定要利用画画的技法，让观众感受到立体感。

产生景物立体感的手法可以分成两种，一种是用纹理来表达，另一种是用重影来表达。

（4）质感表现法。

为了达到景观图画与实际环境相近的效果，让人们对完成后的风景以及它的外表有一个清晰的认识，在景观表现法中，包含对不同材质（如植物、路面、混凝土等）的纹理的呈现，使得画面不但能反映出被设计物体的形状，还能解释所采用的材质以及它所营造出来的独特氛围，使得画面更加逼真。

①主要画面质感表现技法。

色调法：运用各种色彩来衬托物体或场景，使其具有远、近的层次。

线条法：用线条的粗细来表现物体和景物的距离，近的用粗线，远的用细线。

②纹理表达的工具。

纹理的表达技巧，由于绘画的工具和纸张的差异，会产生不同的结果。

③纹理的表达技巧。

纹理的表达技巧，仅用一笔就能把调画出一种层次感。可以使用线，点，乱纹，均匀等。

（5）重叠与阴影表现法。

①重叠表现法。

运用重叠表现法，对物体的高度以及在不同时间、不同地表铺面的状况进行描绘，从而让画面呈现出立体化的效果。这样的平面图，不但可以对空间尺寸、方位、特性进行解释，还可以对三度空间进行感知，让画面变得更加鲜活，更有说服力。在表达重叠的时候，要特别留意：首先要绘制比较高的大树，而比较低的树由于某些地方被遮挡，只能绘制暴露出来的那一段，这时要仔细地布置好空间，让它们的树枝之间不会相互干涉或者阻碍。上下两层树木的象征要容易区分，上面的高大树木的图例可以使用比较粗的分枝，而下面的植物可以使用比较细的轮廓来表达。

②阴影表现法。

在平面图中，阴影仅仅是一种增强图面感觉的象征，它并不能准确地对阳光的方向进行计算，因为在通常的阴影状态下，过长的影子会掩盖掉很多的设计细节，但是用阴影来表达可以让整个画面更加鲜活。

2. 绘画技法

绘画技法要求有深厚的艺术基础，并有丰富的临摹经验。

（1）水彩色技法

常见的水色彩技法有：平涂、叠加、退晕、水洗、流白等。

（2）透明水色技法

在使用透明水色绘画时，要特别留意它的难于更改的特点，因此，在使用透明水色绘画时，通常会与其它颜料混合使用。画图时务必使纸张表面干净。

（3）铅笔画技法

铅笔画技法特点为快速描摹和丰富的空间关系。它的基本技巧是以力量或斜度为中心，以线条，平涂或着色。

（4）钢笔画技法

钢笔的特点是质地坚硬，可以很容易地表达出各种符号和语言，它在绘图中的应用非常普遍，就像是针管笔一样。

（5）水粉色技法

水粉色技法对艺术的要求比较高，它具有很好的表现能力，而且可以很容易地进行修改，但是还应该关注到水粉自身的特点，总结出其干、湿、厚、薄不同画法所造成的不同效果。

（6）喷绘技法

喷射绘画技术在 20 世纪很受欢迎，它的色彩与水粉绘画技术相似。但是，喷笔的应用有它的独特性，它需要用到一个模板，然后进行覆盖，然后再进行喷绘，绘制过程比较复杂。

（7）马克笔技法

马克笔分为两类，一类是中性的，一类是油性的。马克笔被广泛的用于迅速的展示。在作画时要考虑到它的不易修改，并且选用的用纸不同，作画的结果也会有很大的差异。但是它的画法有一个根本的原理，那就是由浅入深，循序渐进。

（8）电脑效果图技法

电脑绘图技术在环境艺术中的应用日益广泛和深化，尤其是对大范围的当代材料的展现，因此电脑绘图技术成为了一种很有价值的方法。虽然电脑绘图准确而又真实，但是比起手绘来说，它的灵活性要差一些，在方案的构想阶段，它更不像手绘那么容易抓住自己的灵感，需要进行反复的推敲和分析，因此，电脑绘图和手绘应该是相互促进的，两者之间的高效组合，会变成一种能够让设计师表达自己想法的强大武器。

第五节　环境艺术设计实践教学改革

要确保环境艺术设计专业的创新，就必须进行教学改革。在进行环境艺术设计的教育改革时，要从现实出发，明确目标，完善培养模式，优化课程设置和教学内容，加强理论学习，重视实践学习，培养出具有理论知识，又具备实践创新能力的专门人才，这在高等职业教育中是非常关键的一环。中国的环境艺术与设计专业还处在起步阶段，其学科体系还不够健全。伴随着教育部的学科设置改革，我们一定会进一步讨论环境艺术设计的发展方向。

一、当前环境艺术设计实践教学的问题

（一）在我国的传统教育中，老师教学与学生学习之间存在一些矛盾

我国目前的环境艺术与设计教学，尽管已取得了一定的成绩，但是还存在着许多问题。比如，大部分的学科都是以教师的教科书为中心进行的。教师在教学过程中主

要以授课为主，导致学生在教学中的消极状态，缺少自主学习的氛围和积极性。在环境艺术设计这个应用艺术专业中，由于缺少实际的教学，有些课程的教学更多是停留在理论层面，从而造成学生对其学习的兴趣降低，影响他们的职业素养。这正是当前急需解决的课题。

尤其是随着大学招生的不断扩大，艺术设计在国内的数量迅速增加，尤其是对艺术设计的要求越来越高。在这种情况下，考上大学的考生，其职业素质急剧下降，基本功薄弱，文化素质良莠不齐。不过，他毕竟是年轻人，对新奇的东西还是很敏锐的，很快就能跟上时代的发展。对于这样的受众群体，我们急需对我们的教育方法进行变革，积极地对他们进行指导，让他们在四年的大学本科学习过程中，不断地增强他们的学习兴趣，不断地提升他们的专业能力，并培养他们的职业素养。这是我们教师应该考虑和努力做到的，也是我们教师在当代教学中应该关注的问题。

（二）在我国的教育中，学校培养与社会需求之间一直都存在矛盾

这样的问题并非只存在于环境艺术设计专业，而它又是一种应用艺术类的课程，因此应当引起更多的关注。尤其对于那些注重实践性和实用性人才的大学来说，更是如此。而要想有效地解决这些问题，最基本的方法就是根据社会的需要来制定专业的培养方案，并用方案来指导专业的建设。这就需要我们在对以往的成功进行总结和借鉴的过程中，也要不断地进行创新，开辟出新的、更加行之有效的教学方法和路径，努力将学校教育与社会生产相结合。

二、实验教学的目的和重要性

我们已经认识到，一项技术只能在我们的反复练习与归纳中逐渐获得。而我们的实力，也是通过不断的练习来提升的。尤其是创造力的培养，更要通过实际操作来进行，然环境艺术设计又是一个要求不断创造的学科，因此，在实际操作中，更要注重实训。许多因素都会对学生的创造性有一定的影响，而对学生进行创造性思维训练的方式则是最主要的。大学环境艺术设计教学的根本目的是要培育出具备创造性的人才，因此，大学的艺术设计教学要立足于为社会培育出一批具备一定职业素养的人才，在教学中要注意从实践性的角度来看，要注意实践性教学的安排，要注意理论课与实践课的教学互动，要注意"产学研"相结合，充分调动学生的实践课程和理论课程学习的积极性。在此基础上，加强与优质公司的协作，建设相应的实训基地，实现"产学研"的有机融合。在大学的环境艺术设计教育中，学生的创造性思维、创造性实践能力的培养是其主要目的。注重对实践环节的教育，并对学生的创造性进行训练，这不但是对学生的实际操作能力的重视，更是与我国目前对环境艺术设计专业学生的需求相一致，

也与社会生产对人才的需求相一致。

三、环境艺术设计实践教学的改革的几点思考

（一）学校要结合专业特点，重视实践课程的设置

学校要以基本理论课为基础，按照理论课水平，逐渐增加实践性教学。让学生在实际操作过程中，对自己所学的理论问题进行思考，以此来对自己所学的理论知识进行强化，并对所学的理论知识进行检验。

（二）我们要不断加强实践课程教学方法的改革和创新

要培养高素质的创新型人才，就需要对现有的实践课程进行改革。在进行实践教学的时候，要对大学艺术设计教育的规律有一个全面的了解，运用现代化的教学手段，既能提升实验教学的效率，又能对教学的进程进行优化，还能让实践教学的过程变得更为鲜活，还能提升学生在学习中的积极性，让实验教学从单纯的对理论教学起到辅助作用，变成在艺术设计教学中的一个关键部分。在实践中，要大力推进开放式的实验教学，改变以往老师讲授、学生听课的方式，转变为以学生的学习为中心的方式，教师已经不在是教学的中心，而成为了教学的组织者，采用多种方法，把具有丰富实践经验、具有扎实专业素质的设计工作者邀请到教室中，对学生的实践课程进行引导和沟通。只有这种方式，才可以将学生的积极性和创造力完全调动起来，让他们进行独立的沟通，并与其他的学生一起进行学习。当然，我们的教师自己也要跟设计机构进行沟通，从而提升自己的专业技术水平，可以与实际情况相联系，向学生解释设计的方法，并在现场对他们进行指导，这样才能让实践课程发挥出更大的积极作用，从而提升他们的教学质量。

（三）学校要加强实践教学模式的改革与创新

实践教学模式是高校实践教学内容改革和创新的重要路径。在进行教育的时候，要将学生的角色转换起来，让他们的身份朝着准职业人的方向转型，这样才能让他们持续地与社会接触，更好地理解行业的职业要求。比如，在低年级的材料与结构的实践教学中，可以通过一些问题，让学生从一个专业人的视角来选择材料的选择和施工工艺，让学生真正的进入到建筑材料的市场，进入到施工现场，对材料的种类和价格等有一个真实的认识。通过现场教学，使学生能够和建筑工人进行互动，更好的理解建筑技术，并亲身体验建筑工程的全过程。在高级的室内设计课中，将真实的施工现场作为教室，将整个室内设计的理论与实际工程相结合，展开一系列的实践教学。这

比起教师站在讲台上讲解要更加直观、有效。此外，利用大学这个平台，教师可以不局限于书本知识，不是单纯地死记硬背，能够对教师的知识结构进行快速的升级，这对教师整体的发展有着非常重大的影响。

（四）提升师资队伍水平，加强技师队伍的培养

德国知名的设计艺术学家范登堡博士曾说："设计艺术并不是一种自圆其说的原则，所以，从本质上来说，设计艺术史上并非一种学术，而是一种实践活动。"这些话很好的诠释了艺术设计专业的实践性。作为艺术设计的教师，要想引导学生进行专业的实践，就必须身先士卒，从我做起，主动参与到社会的实践中去。目前，许多大学都提倡培养"双师"教师，即培养教师自身的实际操作技能。与理论课不同，实践课程的开展不能提前做好充分的准备，根据教材来进行，因此，实践课程的开展要求教师更具备临场的应变能力和掌控能力，只有教师本身具备一定的实践经验，才能对实践教学的开展进行把握。因此，教师必须要持续提升自身的专业技能，这样才可以将学生带入到一个更好的职业领域中，让他们能够更好的成长。

（五）建立以老师为主体新型的实训工作室

在环境艺术专业的教学中，构建一个实践性的教学工作室是十分关键的，它以教师作为主要角色，以一个真实的项目作为一个设计课题，从而提高教学的兴趣和设计的积极性。教师还可以把自己推向市场，可以通过增强自己的实践体验，为课程的教学奠定坚实的基础。学生可以在个同的年级中进行学习和工作，突破年级之间的限制，互相学习，互相提高，从而营造出良好的学习气氛，让学生在课余的时候有个可以活动的地方，有个可以学习的地方。而对于一个以教学为目的的工作室来说，单纯的布置几台桌椅计算机并不能完全解决这个问题。最少也要有这样的空间结构才行。首先，有一个专门的电脑和绘画工作室。它不仅仅是一个单纯的计算机辅助机房，它还应当为学生们提供有很多的自由操作的空间，以及高性能的硬件设备，让他们可以在其中进行很多的项目设计，为学生们的设计创造出更宽广的设计空间。其次，空间结构展示工作室。装修材料与装修施工这两个专业课的教学内容，在教学中是比较难讲的。因为这两门课程必须将课程的连续性和逻辑问题设定在专业学习的前面，在这个时期，学生对材料和结构一无所知，即便是借助多媒体技术、图片等手段，也难以了解其中的结构原理。假如有一种空间结构的演示可以让学生看到真实的对象，那么在讲解时就会有很大的效果。最后，是建模工作室。在环境艺术课程中，空间想象力是必不可少的一项职业素养，而用模型的方式，则是训练空间想象力最直观、最行之有效的方式。目前，在综合院校中推行工作室制，所遇到的最大问题就是资金不足和生产场所

条件的局限，同时，教师的实力也会对工作室教学模式的推广产生一定的影响。所以，想要将工作室的教育方式推向市场，还必须要有多方的协作和支持，必须要有所有人的共同努力。

（六）通过校际校企合作，实现实践课程的与时俱进与可持续性发展

让实践教学与教师科研之间更加紧密地联系起来，让教师在实践教学的探索研究工作中，可以让教师不断地提升自己的水平，让其自身的实践经验可以帮助教师对实践教学内容进行更新。促进教师之间的相互沟通，使教师的教学内容和教师队伍都能跟上时代的步伐，并能得到持续的发展。在实践课程中，提倡与公司进行协作，不仅可以引入公司的技术支撑，还可以充实公司的技术团队，让学生的设计创意直接面对社会公司。同时，大学也可以作为公司，设立研究所或设立设计工作室，为教师提供一个展现自己的平台，更为学生提供一个实践的机会和平台。在这一领域，许多沿海省份的高等院校都取得一定的成功。唯有如此，生产、教学和科研相结合，使整体的环境艺术设计专业得以健康发展。

（七）与企业建立校外考察实践基地

构建设计实践基地，其目的是考察学生对课程知识的掌握和应用，培养学生从虚拟设计到现实设计的思维转换能力，从而让学生了解设计与施工过程中的可实施性问题。此外，还可以让学生以设计人员的身份，参加到一些真实的工程项目当中。在工程结束之后，学生们会有一种成就感，从而提高他们对这个专业的学习兴趣。成立材料考察基地，材料是不可缺少的一部分，材料的合理运用、搭配和创新是设计师必须具备的能力。当然，设计师有一个好的设计思路是非常关键的，但是除了材料的搭配和合理使用之外，还需要对材料的建造过程和性质有一个全面的了解，否则最终出来的设计也不会很优秀。在授课时，很难用言语来形容材料，只有亲自去一趟，亲身体验一下，才能起到更好的指导作用。而要获得更深层次的教育体验，就必须要亲自去体验。

在新一轮的课程改革过程中，我们始终主张在环境艺术设计的教学过程中，要将实践教学融入到教学之中，让学生进入工作室，进入施工现场。通过个体创造和参与一体化专题研究，在实践中获得超出自身认识的东西。在现代艺术教育中，培育出创新型人才是最主要的任务，只有在实践中，学生们才能把自己的灵感、创意和对社会问题的思考，用自己的实际行动去寻找答案，并将其应用到实际中去，这样才能让自己变成一名拥有创造力的新型人才，艺术学院应当是最有创造力的源泉，应当是创新型人才的摇篮。

第七章 环境艺术设计创新研究

第一节 环境艺术设计的创新思维

一、创新思维

（一）创新思维的含义

人们都知道，创造学指的是人类在科学、技术、管理、艺术和其他一切领域中进行的创新发明，并对创新发明的过程、特点、规律和方法进行探索的一门科学。创造学在 20 世纪前半期产生以后，在海外得到快速的发展。在当代，随着科技的飞速发展，与之有关的学科也在不断增多，怎样更好地将创作学的原理和方法应用到艺术设计中，这是当今艺术设计中一个新的研究方向。创造学的实质就是创作思想的运作。

就其字面意义而言，创新思维包含三个涵义：一是革新；第二种是创新，第三种是变化。这个概念最早是美国的熊彼特教授在二十多年前就提出来的，后来更是流传到各行各业。从宏观上讲，创新思维不仅是一个新创造或新发现的思维过程，而且是思维方式和思维技巧的变化。我们生活中的一切事物，行为，需求，理念，都可以促进我们的环境艺术设计的思维方式和思维技能的变化，从而产生一种前沿性、实用性和行业导向性的思维体系。而且，这样一种创新的思维体系与任何的环境艺术设计实践结合起来，都有可能会产生一种前瞻的价值体系、审美体系，也就是这种可能性不断地促进着人类的设计艺术进步，为我们创作出许多出色的设计作品。

（二）创新思维的思维习惯

创新思维习惯，就是培养创新的意识，推理的意识，解决问题的意识。越是具有清晰的创新意识，就越是能够刺激出新的设想和想法，拥有更多的思考和智力，就一定会提出更多的设想和想法，因此，有创意的理念设计也就更多了。牛顿是古代的学者，乔布斯是现代的学者，比尔.盖茨是现代的学者，英国和美国都是靠着他们的思想走在了世界的前列，那么，我们为什么要说，教给学生解决一些问题，而不是发展他们的创新思维？当我们的物理教师能够给我们讲述牛顿，爱因斯坦，乔布斯，盖茨等伟大人物的故事时，学生的创新意识就会迸发出来，学生的创新思想就会发芽，因为这些巨匠和巨擘们的成长过程的确可以给学生以启迪，他们的智慧也的确可以给学生以鼓励，我经常用他们的事迹来作为教学的范例。牛顿曾说过：「我之所以能取得成就，就在于我不断地思考、思考、思考。」爱因斯坦曾说过，"问题的产生远胜于问题的求解"。牛顿、爱因斯坦等人的童年经历，让他们学会如何将创新思维与个人的天赋联系在一起。牛顿在院子里挖了一个大洞和一个小洞，意思就是让一条大狗钻进大洞，让一条小狗钻进小洞。爱因斯坦在四岁的时候就会讲话了，小时候，他给小书桌钉钉子，整个班级只有爱因斯坦一个人做不到，但是到了最后，它们变成牛顿与爱因斯坦。乔布斯对年轻一代的建议是："我可以被复制，但不可以被取代。"他的这番话让整个世界都为之震动。当我们的环境艺术设计专业的同学听完之后，他们的创新意识和信心会不会变得更强？

在创造性思维中，推理意识是不可或缺的一环。进行创新思维活动，不能仅仅对某一件事情进行单独的分析和研究，而是要将所有的事情，即使是不相干的事情，也要结合在一起，对其进行全面的考虑。所以，在创新思维中，推理意识是必不可少的，在创新教育中，推理意识的培养是至关重要的。要想对推理意识进行培养，就需要让学生形成一种能够将海量的事实进行组织、整理并进行概括、总结的习惯，这也是进行创新思维的基本条件。

在创新思维中，解决问题的意识也是一个不可或缺的因素，而解决问题的意识则是以信息转换为核心的。恩格斯曾经将自然、社会和思维的变化运动归纳为三条普遍规律：质变、量变规律、对立统一规律和否定之否定规律。在人们认识自然和社会的时候，信息转换的工作是十分繁复的，常常会遇到"山有多高，水有多深"的窘境，解答问题的过程通常是一个由不明变已知，由已知变不明，然后又变成书本的过程，由否定变肯定，由肯定变否定，由不可能变可能，由可能变不可能，再变可能。所以，要在创新教学中，也要培养学生以坚持不懈的精神去思考，去理解，去解决问题。丁肇中，这位伟大的科学家，曾说，寻找 J 粒子就如同在暴雨中寻找一粒彩色的雨点。这种情况下，要对学生进行反复的教学，让他们一步一步地从低级到高级发展，从片面到全面的转变，最后才能将艰辛转变为发展，将其化为精神、物质和力量，并最终获得成功。

（三）创新思维的发散性思维

"发散性"是指对于同一问题，可以从多个角度进行思维，并从多个方位进行思考，进而从多个方面进行新的假定或寻找多种可能性的正确解答。发散思维的特点是：一是灵活性与多样性；发散思维的灵活性体现在发散、迁移和升华三个方面。在教学中，灵活性的训练从本质上讲就是对学生进行一种终生受益的学习能力的训练。第二是多端的发散思维。这体现发散性、流畅性和灵活性的特点。对学生进行多方向的观察，多维度的分析，横向比较。怎样才能让这个特性在教学中得以体现？首先，教师可以将一条资讯导入到学生的脑海中，让学生依据已有的资讯与已有的知识，再经过教师的引导，获取新的资讯，培养新思维。比如，在学完了关于杠杆的相关知识之后，可以向学生展示一只虎钳，请他们明确这只虎钳所牵扯到的是什么物理知识以及它的作用，并且要激发和激励他们，尽量提供更多的问题。其次，在求解某个问题时，可以利用学生的思想不够成熟，也就是没有固定的思想，让他们自己去想出更多的办法。例如，课堂上荧光灯坏了，要求学生列举可能的原因，并由我在课堂上进行维修，这种方式不仅可以发展学生的多端性，也可以发展他们的思维的通顺和灵活，还可以让他们体验到多向观察、多维策略、横向比较的认知过程。在未来的环境艺术设计工作中，往往可以运用到发散式的思维方式。

（四）创新思维的求异性思维

求异思维是指在处理环境艺术设计问题时，如果以原来的事实和原则为基础，已经不能实现其期望的目标，那么就可以提出一种别具一格的构想，进而高效地解决问题。独特与立异是求异思维的重要特征。独特，就是在解决问题或认知世界时，不拘泥于一般的原理、原则和方法，而能运用与众不同的原理、方法和原则，理性地解决问题。立异，就是对自己所知道的东西不满意，而有自己的独到观点。为了使学生能够大胆地"立"，我曾经列举了一些著名的事例：亚里士多德曾提出"从高空坠落，其速率与其重量成比例"，此一学说曾在古代欧洲流传了两千余年，但意大利的一位物理学家伽利略对此持否定态度，并用比萨斜塔试验否定亚里士多德的"立异"学说，并提出一条"自由落体定律"，由此可以看出，在古代社会，人们对求异思维的重视程度。

（五）创新思维的非逻辑性思维

逻辑思维是指按照一定的思维规律，对已有的资料逐一进行分析，逐步进行逻辑推理，最后才能得到一个科学的结果。创新活动中，逻辑思维是必不可少的，但是擅长逻辑思维的人未必擅长于创新，在创新活动中，在一些重要的环节中，非逻辑的思维会占据主导地位，而思维的非逻辑包含直觉与灵感两个方面。直觉，也称直观思维，是一种对某一问题突然产生的感悟或了解，与逻辑思维不同，不是自觉地遵循逻辑规律，而忽视思考的中间环节。直觉思维有助于我们做出创造性的前瞻，使我们勇于用"非逻辑"的方式去思考问题。灵感，就是当人们全神贯注地解决问题时，突然产生新思维的一种现象。创新思维往往和创造性的思想活动中最具有决定性的因素相关联。灵感来自于长久的沉思，唯有全神贯注，全神贯注，忘我，方能有所得。孙子曾说过："凡治众如治寡，分数是也；斗众如斗寡，形名是也。"只有坚持以创新思维为导向，才能造就出优秀的创造性人才，一个擅长创新的民族将会长盛不衰，一个擅长创新的民族将会拥有能够解决所有问题的创新力量，从而获得伟大的发展成果。

二、艺术设计中的创新思维探讨

在环境艺术设计的过程中，既要有对设计问题进行综合分析，还要有对空间组织形式进行归纳推理的逻辑思维，还要有对造型、细部构造进行联想和想象的形象思维，因为一个单一的思维过程很难产生新颖的创意。从多个角度出发，突破固有的思维定势，以一种崭新的视角去看待和认识。因为设计客体的性质在外在的表达形式上是多元的，所以，设计者要从不同的视角去掌握客体的各项性质和它们之间的关系，从而得到新颖的、系统的、完整的有关客体的信息。站在不同的位置和角度去对问题进行观察和考虑，从不同的方位、不同的视角去对相同问题中的关系进行考察和分析，并用不同的解法来寻求解决问题的办法的思维过程。这些新的关注和观察可以帮助我们获得大量的设计启发。

在环境艺术设计中，两个主要的特点分别是：图形和形象。它是一种视觉形象，它是以其特有的各个部件之间的关系而构成的一个综合的、有概念语义的形体，它所体现的是一个具体形象的整体特点。创新设计的启发是建立在大脑中有大量的、非常丰富的设计素材基础之上的，它的思想在对这些基本材料进行大量的思考之后，才会产生扩大和爆发，而图像搜索与图像记忆则是一种能够累积材料的一种行之有效的方法，也是创新设计产生的认识的基础，是一名设计创造者所需要具有的一种职业素养，并且，这种素养还能有助于我们更好地进行设计。

从这一点可以看出，在环境艺术设计中，创新思维是必不可少的，创新思维在艺术设计发展的每一个时期中都发挥很大的影响，这不但可以提升艺术设计的效率，更主要的是可以强化艺术设计的影响。

首先，创新的思维方式可以促进概念设计的有效实施，从而提升概念的解题能力。在艺术设计中，概念设计的提出直接影响到作品的创作取向，是艺术设计中最富有创新的环节。在工程项目中，只要正确使用创新思维，就可以大大减少工程项目的工期，从而有效地改善工程项目的整体效果。通过调查发现，在进行概念设计时，擅长利用联想和直觉进行思考的人，通常更容易获得创新的成果。在我国，培养设计者创新思维的方式多种多样，例如，将裁片挂起来，使之成为一个天然的形状等等。创新思维是一种全面性的思维方式，可以使人从多个角度和多个层面进行思考：一是打破固有的思维模式，产生新的创作灵感；同时，也使得对问题的思考更加周密。但是现在，在很多的艺术设计的过程中，却忽略了这一点。在构思尚未完全成熟的情况下，很多艺术设计就已经进行设计的表现，导致在创作的后期，当出现问题的时候，还是要重新返回到构思的时候，再对其进行修改。在艺术设计过程中，对问题进行"提出—分析—解决"是艺术设计的核心。创新思维的思维培养方法，就是提倡主动的观察和思考，并适当的提升这一思维的效率，给我们的环境艺术设计带来多样化的想法。

其次，创新思维可以使整个设计小组的工作效能最大化。目前，许多艺术设计项目的执行，往往是采用小组合作的形式。通过对创新思维的倡导，可以极大地提升设计队伍的工作效能。根据斯佩里的说法，人的右半脑和左半脑，分别负责逻辑和视觉。从总体上看，具有理工专业学历者，其逻辑能力较高，形象能力较差；而具有艺术专业学历的设计者则以形象思维为主，逻辑思考能力相对薄弱。对于形象思维较差的设计者，可以让他们更多地从实际与可行性上进行思考；而在造型设计上，则要充分发挥创意，充分利用造型、色彩、材料等因素。用这种方式，可以最大限度地提高一个设计队伍的效能，让整个队伍迸发出最大的活力。

最终，创新的思维方式对产品的设计方案进行了优化。艺术设计是一个由零开始，由零走向有价值，并在此基础上进行改进的过程。同样的一种作品设计，如果运用了不同的创新理念，就会产生出不一样的效果。在进行设计的时候，可以比较和筛选各种创新思维原理所产生的结果，这样就可以持续地对设计方案进行改进，最后得出在目前情况下的最佳设计方案。

三、环境艺术设计创新思维的培养

（一）以良好的设计心态诱发创新思维的形成

在我们的环境艺术设计中，要把"创新"和"创造"有机地融合在一起，用独具特色的设计思想，建立自己的自然观和审美观，从而提升自己的艺术和设计素质。这种创造性思维，设计素质的养成，可以从一个人的设计心理状态中获得。第一，增强你的自信。一个拥有自信，拥有非凡勇气和胆量的设计者，是"创造"和"创新"融合在一起的基本保证。因此，在我们的学习过程中，我们要建立起对艺术设计的自信，这样才能让我们在今后的设计工作中，更好地运用自己的创造性思维，其次，要保持一种积极的心态。身为一名艺术设计人员，一定要有一个好的心理状态，要在不断的尝试和失败中，始终保持一种积极的、乐观的态度，只有如此，我们才能获得将创造性的思维应用于环境艺术设计的精神资本。第三，培养探索性的精神。在创新思维过程中，最关键的一点就是要拥有一种探索性的精神。因为，唯有敢于去尝试，敢于将创新思维运用到现实的环境艺术中，才能使创新思维的作用得到充分地体现，第四，要养成好奇心和求知欲。对于想要在环境艺术设计领域工作的同学而言，对未知和知识保持一种良好的心态和好奇心，这是不断发现和创造设计元素，培养创新思维，提高专业素质，实现职业发展的必要条件。第五，培养独立精神。所谓的独立，并不意味着完全的独立运作，不去考虑团队的感受，它是一种不被原有的设计模式所束缚，不盲目地追求世俗，以独立的方式去设计出新的艺术概念。当然，这个理念不能与传统的设计模式彻底地脱离，要参照和学习传统的设计模式。

（二）在环境艺术设计实践当中训练创新思维的主动性

当今的教育，我们的学生，他们的学习方法和思维，主要是"传承"，他们的学习主要目的是"复制"、"粘贴"，他们将传统的设计理念视为永恒的真理，而不是"自我理解"。这样的教学方法和教学目标都有很大的问题，不利于发展学生的创新思维，也无法提高学生的独立艺术设计活动。爱因斯坦是一位伟大的物理学家，他的无拘无束的想象力在他的影响力中起到了很大的作用，他曾经说："想象远胜于知识，知识是有限度的，但想象却可以总结出这个世界上所有的东西，促进人类的发展，同时也是人类文明发展的源头。"同样地，要想在环境艺术设计领域实现创新性的突破，建立自己独有的设计风格，引导时代的环境艺术设计理念，最主要的因素就是要具备一定的天赋，其次就是要通过后天的实践操作与明确的创新思维训练。因此，在进行环境艺术设计的教学的时候，特别是在进行设计的时候，我们要重视和训练自己的创造力和创新思维，将自己变成一个创新型的人才。

（三）培养学生的观察能力

观察是人类认识客观世界的方式之一，是根据某种目标或任务，有计划、有组织地感知客观世界的活动。观察是人类对客观世界的一种感性认识。如何提高学生对自然和生活的观察能力，是关系到学生创造性思维能力的关键。在艺术设计课程中，要重视对特定问题的指导，而不能匆忙地用已形成的思维模式来考虑和观察问题；可以首先进行观察，然后进行辨证的思维，剔除虚假的东西，然后再进行创新的解决。但是，设计与我们的生活息息相关，在各个地区，各个民族的人民，他们的生活方式也不尽相同，他们的习俗也不尽相同，因此，他们的设计活动常常能体现出当地人民的生活状态。所以，很多想法都是从我们每天的生活中产生的。通过观察他人的生活习惯，风俗习惯，行为举止等，可以提高学生的观察能力。例如，通过对在元宵灯会上使用的五彩纸扎花灯进行观察，可以让学生对花灯的制造有更多的了解，同时也为培养创造性思维提供更多的素材。从这一点可以看出，"观察力"是一个重要的设计先决条件。

我们的大自然是多姿多彩的，自然界的现象也是人们创造力的来源，对自然界的现象不做任何改变而进行的观测，可以为创新思维提供一种直观的视觉素材。牛顿在家里休息，拿一块三棱镜准备进行试验，当一道阳光穿过这个三棱镜时，它会分裂为不同的彩色波段。由于这个奇特的光学现象，牛顿不禁深思，难道光就是从那些波段中分离出来的？假如白色光线是一条波段，一根三棱镜就可以将它拆开，另一根三棱镜就可以将它还原成白色光线。实验取得了很好的效果，波段最终变为白色。牛顿是在对自然界各种现象进行观察之后，经过他的创新思维，才终于找到光和颜色的构成要素。在进行艺术设计课程的过程中，可以让学生在课外的时候，去对自然界中的多种有意思的现象进行观察，从而积累起最基本的视觉材料。在对自然现象的视觉材料进行分析和思考的过程中，可以对学生的创造力进行培养。要想培养好的观察力，应从培养好的观察力开始，并在此基础上掌握相应的观察方式。在进行观察时，要有充足的预备，首先要制定观察目标，再制定观察方案，有条不紊地进行观察，并作好观察纪录。最终，将观察到的数据进行汇总，并对数据进行全面的分析和思考，为今后的设计打下基础。

（四）培养学生广泛的兴趣

当我们培养创新思维的时候，创新思维的培养离不开创新的"联想"与"想象"。没有创新的设计作品就没有吸引力。而创新的想象与联系，则要求设计师拥有广泛的知识面，而获取这些广泛的知识面，则要求设计师对每一门学科都有浓厚的兴趣。从根本上说，要发展学生的创造性思维，必须从广泛的兴趣出发，扩大他们的知识范围。很多著名的设计者兴趣广泛，他们从不同的领域中吸取营养，运用自己的想象力和联想，创作出一批又一批的代表性艺术品。例如威廉 - 莫里斯，英国工艺艺术的杰出代表，他的作品涉及的领域很广。他最爱做的是织物花纹，所做的花纹多为花草藤蔓，其间点缀着飞鸟，表现出浓厚的自然美。另外，威廉. 莫里斯也曾从事过房屋的设计工作，他设计自己的房子没有任何装饰外墙，只有一块一块的红砖露出来，因此被称作"红屋"，赢得了那个时代的设计者们的一致好评。此外，他还设计了家里的一切物品：壁纸，地毯，家具，室内摆设等等。威廉。莫里斯在平面设计领域也做出了卓越的成就，特别是在图书的设计中，无论是排版还是插画，都带有浓厚的手抄本装饰风格。例如《呼啸平原的故事》这本与沃尔特 - 克莱恩共同创作的作品，就堪称工艺艺术的典范，极具学术价值。

从这一点可以看出，要做一个好的设计者，不但要了解这个领域的相关知识，还要了解其它领域的相关知识。它为艺术设计课的教学开辟了一条新途径。设计是一种集艺术和科技于一体，融合多种专业的创新成果。唯有具备宽广的爱好，并且对各种领域都有一定的了解，这样才可以更好地将各种学科的知识融合在一起，并展开自己的联想和想象力，从而创造出出色的环境艺术设计作品。

（五）提升学生的文化底蕴

文化是什么？文化是人们在一定的历史条件下所生产出来的一种物质、一种精神财富。它记载着人们的生活和生活，反映着人们的生活方式、行为规范和风俗习惯。一个设计师所拥有的丰富的文化内涵，将会对其所设计的作品产生深远的影响。所以，我们应该从这些地方吸取营养，提升自己的文化内涵。中国传统文化是一个非常有价值的设计宝藏。在艺术设计的课程中，可以将一些新的观点与传统的艺术文化相融合，让学生去了解一些传统艺术文化或者是民间艺术，这样可以增强学生的文化底蕴，开拓学生的创新思路。在学习传统艺术时，要特别留意，不能模仿传统的图案或纹样，要多鼓励学生在传统的基础上，进行创新的设计，以创新的方式来传承并将其发扬光大。比如靳域强，他的设计理念就是他的灵感来源，他的设计理念是中国传统的绘画和民间的艺术，他的设计理念是一种很有时代特色的艺术，充满了时代的味道。因此，要设计出富有深度与内涵的艺术作品，必须要有丰富的人文内涵与丰富的人文素养。所以，在对传统文化的研究中，我们既要研究本国的，又要研究国外的，吸取他们的优点。在对每个国家的历史、哲学、文学、艺术以及风俗习惯等方面进行学习和理解，从而提升自己的文化水平，为自己的设计工作奠定坚实的文化根基。

（六）强化学生的思维训练

从设计者的角度看，创意思维是一种高层次的、综合的、综合的思维方式。其基本内容有：辐散思维和辐合思维。辐散思维，也就是所谓的发散思维，也就是求异思维，指的是在特定的情况下，对一个问题寻找各种不同的答案的一种思维，其特点是开放性和开拓性。辐合思维，也叫集中思维，也叫求同思维，是一种单向扩展的思考，对一个问题进行深层次的讨论，寻找一个正确的答案。辐合思维是以辐散思维为依据的，二者相得益彰，常常遵循"发散--集中—再发散—再集中"的互相转换的形式。在现实生活中，在收集设计素材、寻找设计切入点的这个过程中，一般都会采用发散性的思维方式，大量的素材和切入点能够让自己的创造语言得到充实，但是在对素材进行总结、并确定设计切入点的过程中，就必须要将自己的思想进行集中。

在艺术设计课程中，可以采用"头脑风暴法"的方法，对学生进行创造性思维的培养。头脑风暴也被称为智力激发法，它是一种以小规模的会议方式，激发群体的智慧，互相启发，从而激发出创意的方法。在艺术设计课上，首先要决定一个设计的题目，之后将 5 到 7 名同学分成一组，形成一个创意设计团队。

按照以下的步骤进行头脑风暴法。1. 筹备工作。在此之前，创意设计小组的小组成员要对所设计的主题展开某种程度的调查，明确其本质，找到问题的关键点，并确定要实现的目的。其次，要把需要解决的问题，要用的参考材料，要达成的目的，事先告知每一位成员，以便每一位成员都能在会前做好充足的准备。2. 准备工作。在组长宣布开会之后，首先要对会议的讨论规则进行详细的解释。之后，他会随意地讲几个与设计主题相关的有意思的话题，这样可以让每个人的思维都处于活跃、放松的状态，并且在交谈的过程中，尽可能地让每个人都能更容易地将其引入到会议的议题当中。3. 把问题说清楚。准备工作做好后，小组成员对要解决的课题进行简要的说明。再请学生就问题发表意见，并请学生作好笔记，以便小结。4. 重新表述问题。在众人的商议之下，对于这个问题，也算是有了一个大致的认识。小组成员将每个人的发言都进行整理和归纳，找到一些较为新颖的观点和富有启发意义的表达方式，为下面的讨论提供一个借鉴。5. 畅谈环节。畅谈是创新思维的一个关键环节。在畅谈的时候，每个人都可以自由地说出自己的想法，自由地想象，自由地发挥自己的能力，之后，记录员会在第一时间将想法都写下来。畅谈的时候要小心，别在背后说。当你发表意见的时候，你只能说你自己的看法，而不能对团队成员的话发表意见，这样会影响到其他人的观点。每个讲话都是一种观点。6. 进行甄别。在分组讨论之后，由组长和纪要人员利用一到两天的时间，将每个人在会上所提出来的新想法、新思路进行汇总，并形成一些设计方案。再通过多次对比，重点筛选。最终选出 3 种最优的解决方法，并将其提交给下一步的设计小组。经过头脑风暴法的培训，能够让学生在会议讨论的时候，充分地利用自己的想象力和联想，能够很好地发展自己的创造力，还能培养出自己独立思考、独立解决问题的好习惯，这对于他们今后更好地开展环境艺术作品的设计是非常有帮助的。

第二节　环境艺术设计的创新原则

在现代信息交换日益激烈的今天，环境艺术设计已经成为一个快速发展的新领域。在进行环境艺术设计的创新时，必须对其进行全面的思考，对其进行科学的规划，方能进行创新的设计。其次，在环境艺术设计的创新中，一定要将科学和艺术相结合，在关注艺术的同时，也要关注科学，将两者结合起来，并将绿色和环保的概念融合在一起，这样才能实现设计的创新。在当今时代，随着时代的发展，我们必须要对其进行持续的探索和研究。创新设计不仅是一种高雅的艺术形态，它还是一种创意，它是一种通过长期的工作和生活的积累而产生的富有个性特征的创新设计。在环境艺术设计过程中，表现出的独特性，就是指在总体概念中，设计师对于总体概念中的总体与部分的相互联系所进行的一种创造性的想象与掌握。要想要实现这一种创新风格，就必须要具备强大的主观思维。而在环境艺术设计中，这种主观思维可以将人们沉睡的艺术细胞进行觉醒，从而完全脱离传统设计的枷锁，为广大人民群众带来一场视觉上和精神上的双重盛宴。

一、功效性创新原则

伴随著资讯科技的进步，以及知识经济的来临，现代的环境艺术设计已经涵盖更多的领域，无论是在艺术领域，还是在技术领域，它都变得更加突出，更加引人注目的是它对环境品质的持续提高。将环保观念纳入其中，这是一条可持续发展的道路，而在这条道路上，环境艺术的创意设计一定要最大程度地符合各类业主的需求。在进行对环境空间功能的创意设计时，由于每个业主的文化层次、爱好、职业、阅历都存在差异，因此，在进行设计的过程中，必须对其业务的各个方面的具体情况进行全面的思量，从而使其更加科学、更加理性地进行创新设计，并将一切可以利用的条件都用于为广大的业主提供优质的服务，从而提升业主的满意度。

在设计时，如果家居设计的主人是一位受过良好教育的老师，他喜欢琴棋书法，喜欢古色古香，那么就按照主人的这个特点，在对他的空间进行合理的规划的时候，他可以在外墙上使用中国的装饰，使用清式的木雕叶隔扇，以及一些绿色的砖瓦、红木、鹅卵石等。屋顶上可以采用吊棚的木制房梁，让整体空间在气氛上呈现出清新与怀旧、紧凑与放松的对比，在温暖的气氛中，为空间增添更多的生机。与此同时，也可以在许多传统符号的基础上，加入一些带有现代色彩的元素，这样的处理可以进一步扩大其文化背景的内涵，尽可能地拉近与时间的空间距离，提高其功能，从而使其设计出的空间看起来更加温暖、和谐。同样的一个空间，不同的样式和创新的设计可以有效地提高其用途。在环境艺术设计中，创新不是没有目的，也不是随便进行的，一定要以业主的特点为依据，采用多种方式来提升空间的利用效能，让人们可以获得更好的环境享受。

二、科学和艺术的协调一致创新原则

正如我们所知道的那样，上个世纪六十年代，美国、欧洲等多个国家兴起一股与现代建筑截然不同的思潮，其特点就是使用鲜明的象征、比喻，与周围的环境完美地融合在一起。一面面向边缘，一面面向大众，提倡多元主义。中国古代的"移步换景"、"借景"等理念，充分反映了这种理念，强调人与自然的完美结合，强调人所处的空间与周围的环境之间的相互作用。无论是欧美的"反现代"的建筑理念，或是中国古代的"天人合一"的环境设计理念，其本质都在于：在环境艺术创新设计中，必须要寻求一种"科学"与"艺术"的结合，使二者相互促进，相互融合。

在对公共建筑和商业空间进行创新设计时，要注意设计风格和投入的具体数额，并将其融入到设计思想之中。拉丁美洲式的设计，充斥着火热的气氛和热情；北美洲人的装潢是一种野蛮而大胆的方式；中国传统的设计风格优雅，简单，充满了浓郁的中国传统文化气息。在不同的地区，设计的样式会表现出各种形式的美感。从构思到设计，再到进行装饰，器具的陈设，每一件艺术品的摆放都应当是思维的要素。一个出色的设计师，在做创新设计的时候，会对业主原来的美好构想加以修饰，用科学和艺术的观点来对待，将科学和艺术的和谐之美发挥到极致。

当前，尽管人类社会的经济得到快速的发展，但是，在经济发展的过程中，生态环境也遭到严重的破坏和污染，从而造成人们生存的环境不断地变坏。在环境艺术设计观念上，提倡向自然的还原，以维护生态，改善不利的生存条件。可持续发展战略正是在这种思想的推动下逐步形成的，并被广泛应用于社会的方方面面。同时，在可持续发展的过程中，环境艺术设计也在不断地进行着，"绿色化"和"生态化"是当前环境艺术的发展方向。因此，在进行环境艺术的创新设计时，应该对生态和环保方面的要素进行充分的考虑，这也充分反映出在环境艺术创新设计中，实现科学和艺术性的完美结合。

环境艺术设计是一门不断发展起来的新的科学，它是一门非常有价值的学科。在21世纪，人们要求的是一个温暖和谐，绿色环保，富有创新的建筑，生态环保的建筑，提倡的是人与自然的和谐统一。因此，在进行环境艺术的创新设计时，不仅要对空间的用途进行全面的衡量，还要将其将科学和艺术的完美结合起来，将其融入到绿色环保的理念之中。唯有如此，才能顺应时代的发展趋势，展现出其独特的魅力，从而使其成为一件出色的环境艺术作品。

第三节　居住空间设计中环境艺术的创新

一、居住空间的功能

我们所说的生活空间一般包括客厅、起居室、卧室、娱乐室、休闲室等。对整个空间进行造型，既能使居民得到更多的文化和精神经验，又能满足居民的心理需要，又能突出不同的空间意象。室内环境的设计成果，将会对使用者的心境造成一定的冲击，使使用者有一种特殊的感受。如图7-1。室内空间美可以分为"意蕴美"和"形式美"两大类。"意蕴美"是指室内空间环境的内在美，而"形式美"则是指人的"视觉"。通过对室内的空间进行科学的设计，并对室内的色彩、家具、绿化、配饰等进行科学的设计，来营造出一种很好的意境美和形式美，以此来设计出一种适宜于人们生活的空间，使人们的生活环境变得更舒适。

图 7-1　极具禅意东方居住空间

二、居住空间环境艺术的创新

（一）回归自然的创新

从远古时代起，人就是大自然的造物，随着近代社会的发展，人对自然环境的要求也越来越高。在这座由钢铁与水泥组成的大都市里，人类日益渴望着自然环境和自然生态，而回归自然则是现代人类的一种重要的精神需要，这也是住宅空间设计时需要思量的一项要素。在现代化的进程中，人类的生存环境逐渐远离农村的生活，人类与人类的生存空间越来越小，人类的生存空间越来越狭窄。在居住空间的设计中，要注重人的回归自然的感情，结合和设计自然的要素，以多种的艺术表现方式，使居住空间的设计与自然的生态环境相融合，以展现自然的生态之美，以求自然的舒适度。

（二）以人文本的创新

在居住区环境设计中，人是最重要的一个方面。在居住空间的设计中，设计者要注重人性化，以人民对生活的追求为出发点进行设计的创造。居住空间环境是一个人的生活空间，唯有在居住空间的设计中，切实地体现出"以人为中心"的思想，才能进一步提升人与空间的协调性，使居民获得一种既具有安全性，又具有实用性，又具有艺术性的美感。伴随着当代社会的发展，各种各样的室内建筑层出不穷，其不同的设计形式也让人们感到目眩神迷，生活空间的设计越来越背离"以人为中心"的思想。所以，在进行设计时，要把"以人为中心"的思想融入到环境艺术中，使室内空间充满浓厚的人情味，使室内空间充满人性化的气息。以人为本的设计思想，能够更好地把坚硬的混凝土结构转化成一个温馨的生活空间，通过各种方式来展现出居住空间设计的人性化，让人们能够更加便利地居住和生活。

（三）个性的创新

个性是艺术设计的一种追求。在当今世界，人们的审美观已经发生很大的变化，一成不变的设计风格很难反映出设计者的个人特点，这就导致人们在室内环境中的感受降低。在进行住宅空间的规划时，要将个人的理念与环境艺术结合起来，用个人的创意，来完成对现代建筑设计中整体性的要求。在对环境艺术进行革新的过程中，要运用多种设计风格、建筑材料和技术手段，使室内空间具有更好的个性，同时可以有效地满足人们对个性的需求。

（四）实用性的创新

在住宅的设计过程中，要注重住宅的实用性，注重对内部环境的保护。在当代的室内装饰中，因使用不符合标准的装饰材料而引起的环境污染，给人们的身体带来很大的伤害。在住宅空间的规划中，要以达到环境审美的观念为前提，注重对室内环境的实用性保障。要将绿色概念与美感设计有机地融合在一起，同时要确保设计所用的材质具有环保性，从而实现对居住空间的有效调控，提升室内环境的实用性。同时，随着现代科学技术的持续发展，在居住空间的设计上，要想要实现环境艺术，也要跟现代化的技术手段相结合，利用在室内环境中的声音、颜色、光线等不同的元素进行组合，来提升室内空间的实用性，使其在艺术上与使用上达到协调一致。

（五）高度环境现代化

在住宅空间的环境艺术设计中，在运用创新的方式来进行室内设计的时候，也要注重对周围的环境的保护，众所周知，由于装修的不符合标准，导致房间里的有害气体和超标的辐射，这些都是导致房间里的空气质量下降的重要因素，所以，进行房间的设计，既要注重外观，又要反映出现代化的绿色环保思想，选择符合要求的绿色环保的材质，绝不能采用已经被我国所禁止的或者已经被淘汰的材质。如何有效地防止有害物质对人类健康造成的危害，是设计好当代家居装修的重要环节。伴随着科技的不断进步，在室内设计中经常会运用现代化的科技手段，在设计中达到最佳的声、光、色、形的匹配，从而达到高速度、高效率和高功能的目的，打造出一种人们梦寐以求的、让人们满意的居住空间环境。

（六）构建个性空间

多元化是当今时代的发展，一切事情都是按照一定的规则进行发展的，随着全球化的进程，在艺术设计的领域中，人们应该更加注重个性化，不再是我们想要的那种一成不变的设计方式，也不再是当今社会所要求的。大规模的生产方式带来的是一系列的社会环境问题，同样的建筑，同样的房间，同样的内部设施，以一致性代替了个性化。我们要转变这种状况，要将创新的能量注入到室内设计之中，就需要抛弃原有的设计观念，将其融入到自然和艺术之中，以符合人类对自然环境的需要。与此同时，运用现代科技，积极运用新材料、新设计的手法，让整体的室内空间呈现出一种和谐、温馨的氛围，经过仔细的设计，为每一户人家的卧室增添一种独特的风格，让每一户人家的生活环境都是独一无二的。

第四节 环境艺术设计的传承与创新

一、传承与创新的关系

"传承"与"创新"看似是一对对立的关系，但从语言学角度讲，这种对立表现为语言的"稳定"与"可变性"的对立。对于一个设计师来说，造型设计的成功与失败，依赖于他所拥有的"词汇"是否充足，以及他对"语法"是否娴熟的应用。一个设计师要让别人看得懂他的设计，设计师需要选用合适的"词"，并且遵循某种"语法"。但是，这并不代表设计师就一定要因循守旧，没有自己的贡献。设计者对单个新的象征进行灵活的应用，或是对这些象征之间的某些传统的结合关系进行刻意的修改，从而产生一种全新的、令人感动的作品，这就是在设计上的创新，可以看出，在一件作品中，传承与创新可以达到很好的融合。

在结构上，存在着一种"特异"式的结构方法，就是在看似十分单调的结构中，突兀地出现一个"异类"，从而使原本十分单调的结构起到出人意料的作用，而具有创造性的新结构就是这种"异类"。在人们对习以为常的事物很难引起足够的关注和兴趣的时候，将一些常见的符号变形、分裂，或者将编码编写顺序进行修改，就能够起到引人注目、发人深省的效果，从而增强环境语言的信息传递。美国知名的建筑大师查尔斯。摩尔在新奥尔良市的"意大利广场"中，对不同类型的经典元素进行大胆的提取，用象征的方法进行形象的表达。这是一座以巴洛克风格的圆形建筑，呈同心圆状，并以黑白两色的地板为基点，朝着四面八方蔓延开来，见图7-2。

图7-2　"意大利广场"部分图例

罗马传统的柱子被改造得焕然一新，比如科林斯柱式，用的是不锈钢柱，墙壁上用拉丁文雕刻出一句话："这座喷泉是送给人民的礼物。"多立克石柱上的泉水咕嘟咕嘟地往外冒，拱门上镶嵌着摩尔那张笑眯眯的脸，嘴巴里还在不停地往外喷着水。它既洋溢着欢乐和浓厚的现代化的商务气息，又有着浓厚的乡愁情结。现今，各类"方盒子"型建筑往往被视为超越历史与本土，仅有技术意义与少数功能性意义，不存在可供思考与可寻的空间，因而造成对其空间的淡漠与沉闷。从信息理论的相关原则来看，这一现象主要是由于环境标志体系中的有效信息过低所致。有鉴于此，后现代主义建筑家文丘里高喊："在充实建筑内涵的同时，要把建筑变成一种多层面的艺术，并将其包含在内，而不仅仅只是一种单纯的空间手段。"他倡导用复杂而矛盾的环境来取代现代派所倡导的简单性，用意义上的含糊和张力来取代简单的叙述，用意义上的多重性来反对非此即彼的机会，要混合而不是一眼就能看出来的统一，从而创造出属于自己的设计样式。

斯特恩为"最好的"商品而设计的展厅也具有代表性。他的立面使用很多古老的符号和结构，就像是古代希腊的庙宇一样，这也是他想要传达的一个思想，那就是将这座庙宇打造成一个"消费的庙宇"，从而体现出商品经济时代的人的价值观，以及他们对商业行为的重视程度。然而，由于比喻的技巧十分复杂，如果不经过深思熟虑，很难立刻从它的表面把握到它的真实含义。这种设计，不仅比方盒子更有内涵，即使是简单的象征主义，比如一艘船，一只猛禽，也要有趣得多，哲学得多。将环境视为L种符号现象，是一种处理"传承"与"创造"这两个问题的行之有效的方法。如同文字的语言，设计的符号不仅源于过去的体验，也与当今快速发展的时代紧密相连，新的功能，新的材料，新的技术，呼唤新的观念。因此，它们既像是一种文字，一种是缓慢的发展，另一种则是快速的发展。如何保持生态系统的历史性延续和新的发展需求？随着时间的推移，科技的发展，文化的传播，"词汇"与"语法"逐渐趋向于一种共同的发展趋势，然而，由于一个国家的自然条件，经济技术，社会文化习俗等方面的差异，其所处的环境也存在着某些特殊的标志与安排。正如人们在口头上使用的方言，在建筑中加入"乡音"，能够强化建筑的历史延续性，增加建筑的乡土色彩，提高建筑的艺术魅力。美国美学学者苏珊曾说，符号的含义往往被抽象出来，这也是为什么我们能够抓住符号的缘故。无论一种艺术形式（或所有的艺术形式）多么复杂，多么深奥，多么丰富，都要比现实的生活更容易理解。

因此，对艺术学来说，"心灵观念"的构建是一项更加宏大的任务的前奏。符号行为本身就是一种抽象化的行为，它已超越了个体本身。视觉标志既是一种艺术性符号，又是一种表现力符号。与推理符号相比，视觉符号并不具有自身的系统，它只是以某种情绪的形式表现出来，并与某种具体的题材相联系。在知青饭店、老三届、毛家菜馆等商业建筑中，大量运用斗笠、玉米棒、粗木桌椅、水井等元素，有的还将服务生的服饰和菜谱的名字巧妙地融合到一起，在不同地区的乡村，用具有代表性的视觉符号来构建的环境，就像是一部古老的照片，记载着人们的生活，让整个设计更加的亲切感，更加的令人难忘。视觉符号的象征性，不但可以在形态上让人有一种直观的感觉，更主要的是，它可以激发出人们的思考和联想，从而引起他们的移情，让他们与之发生感情的共振，因此，建筑变得更有内涵，也更受大家的喜欢。

如今快速的都市化发展，让我们每天都在发生着翻天覆地的改变，但是同时，我们也丢失了很多再也找不到的东西，那就是历史文化。街道、胡同、牌坊等城市形式，是反映城市与城市形象的一种符号体系，被成片、成街、成坊地拆毁，对城市形式的兼容性与延续性构成极大的挑战。对历史的尊敬，并不意味着墨守成规，固步自封。恰恰相反，有意保持这样的传统会让这座城市更具本土特色。事实上，"立新"并不一定意味着"破旧"，而是要用一种既有现代感，也有传统化的方式，来塑造一种新老并存的新的城市形式（符号）。"新天地"项目地处上海市黄陂路兴业路，紧邻中共一大会址，南侧土地正对着"会址"，设计为一座中等规模的现代化建筑，与"会址"和谐地穿插着几栋保存完好的古色古香的古式建筑。而位于"会址"北侧的区域，大部分仍保持着"里弄"模式，并对其外观、细节及空间进行细致的保存与复原，并对其内部进行大量的改建，以适应办公、商业、起居、餐饮、娱乐等多种现代化的居住方式。从现在已经完工的工程来看，获得很多的肯定，已经产生很大的效果。销量和利润都有明显的提升。事实上，在上海这样一个东西碰撞的大都市中，传统的里巷式的生存方式并未死去，"新天地"只是为其提供一种理性的改变与传承，同时也为我们带来思考与启发。恩斯特，一个有名的哲学家。卡西尔把人看成符号的生物。一切人的心灵和文明，都是符号化的行为。人的本性，就是能够运用符号来创造自己的文明。所以，所有的文明形态都是符号行为的现实性，同时也是人的本性的客观性。我们能够将简单却又繁复的意义，以传统却又时髦的语构，应用到当代的艺术设计中，来创造出具有个性化的、具有人文化的新型的设计符号，这不仅是对环境艺术的一种传承，也是对环境艺术的一种创新。

二、环境艺术中继承与创新的表现

在当代的环境艺术设计中，从历史的继承，到风格的演进，再到科学技术的发展，将艺术美感、功能性、人性化、空间体量等多个因素相结合，成为了创新的基本要求。随着现代设计界对样式的不断演化和革新，环境艺术的设计表现出空前的多元化和自由化。在现代的环境艺术设计中，经常会使用到现代简约、新中式、现代欧式等多种设计方式，但是大部分的设计师还是将传统设计作为设计的基础，在外形上使用一些独特的元素，将它们进行拆解，进行再造型，将它们与现代技术进行很好的融合，为了追求一种独特的设计风格，他们一直在进行着创新和改变。

（一）地域文化风格创造奇迹

首先是对传统地区的文化和标志性的认识。迪拜的帆船酒店，也叫"阿拉伯酒店"，是全球首家七星酒店，位于阿拉伯湾的一处人造岛屿上，当初的设计初衷是要把它打造成迪拜的标志性建筑物，经过六年的努力，最终打造出一栋集奢华与科技、材料与空间构造于一体的"梦之城"。该酒店高达321公尺，超过艾菲尔铁塔，其内部大厅为全球最大，网球场地也是全球最大，其外观采用帆布幕墙，呈现出一种航行的感觉。此外，它还具有控制室内空气温度，抵抗阿拉伯湾海风等多种功能，创下了多项新的国际纪录。该酒店在概念上采用大胆的构思，利用构造形式，进行一次又一次的试验和挑战，实现技术和设计的完美融合。该设计采用近9000吨钢铁材料，经过两年多的时间，终于建成了这座世界上最宏伟的海上酒店。不管是从造型上，还是从感觉上，都无可比拟。

其次，设计源于地方特色与现代技术相结合。人们的生存习惯和地理因素和环境因素对人们的方方面面都有影响，从而形成每个区域所具有的独特的地方风俗。这座帆船酒店的灵感来源于迪拜的本土文化，迪拜人喜欢航行，所以当一艘帆船从海面下扬起的那一刻，它就诞生了，这座酒店坐落在阿拉伯湾上，它不仅仅是一种美的表现，它还是一种将大胆的创造力和现代高科技互相融合在一起的结果，它是一种对环境艺术设计的革新。

（二）传统文化的传承及设计国际化

首先是在当代的设计中，我们看到了传统的文化观念在当代的影响。文化的继承既不是机械的，也不是程序的，而是一种思想上的反思，是一种长期的浸染，是一种对文化的长期的影响？每一个从事设计工作的人，都受到了传统文化的深刻影响，文化可以被认为是人们在一定时间内，在一定的历史进程中，所产生的精神和物质两种资源的组合，也可以被认为是一个社会思想受它的社会制度所限制的结果。沈阳世博园在公园的规划方面，继承了中国园林设计的基本做法，采取沿风景中轴的设计手法，将公园分为不同区域进行规划，使得公园的整体设计既有现代化的因素，又有高技术含量的设计手法。

其次，是世界范围内的设计趋向。"民族化"就是"国际化"，区域文化的发展在某种程度上是必然的。这是由于市场竞争国际化的需要，为了能够满足国际间相互沟通和交流的需要，在设计中，当然要找到国际间相互交流的共同的表达语言，从而对设计元素信息的认知达到共识。如今，人们对具有文化遗产的设计理念的认识和应用，越来越倾向于国际化，关于设计领域的国际性活动和交流活动也越来越多。一个国家的发展是具有多样性的，不管是发达国家还是发展中国家，设计都要在全球化的环境下展开讨论，才能将自己的价值展现出来。所以，在全球化的冲击之下，传统的样式渐渐演化为一种时尚的、简约的设计理念，它与人们的美学要求更为契合。

（三）文化传承对环境艺术设计的意义

在漫长的历史长河中，每个民族都会形成自己独特的风俗习惯，这种风俗习惯被称为"区域文化"。在我们对地域文化的初步认知中，自己所积累的文化内涵和受到周围环境所感染灌输的思想理念，驱动着对其的不同理解与表达，使得其从各层次演化并传递到设计中，而这就是文化的继承。不同学科之间的相互沟通，形成具有特色的产物。日本知名建筑师黑川纪章，1957年从京都大学毕业，后赴东京大学攻读建筑学，他主张"都市建筑不应一成不变，而应象生物体的代谢一样，在不断地进行着。"他的设计思路非常新颖，将日本的传统艺术在他的设计理念中得以完整地传承下来，特别是在设计中所使用的"利修灰色"，更能充分地表现出他的艺术与民族特色。在设计中运用"变形"、"点状刺激性方法"等理念，是其独特的创作理念。黑川纪章的另一项设计出发点，是将技术手段与哲学理念相结合。他主张把日本的传统与当代的先进技术有机地融合在一起，走出一条属于自己的道路。他相信"日本的身份认同，是一种对于变化需求的接纳能力，它把各种文化和观念融合成一种共存的状态，并在对立的要素间，为它们设计一个中间的空间。"这种思想在黑川纪章的晚期创作中得到很好的贯彻，并逐步发展成为一种别具一格的艺术形式。

第五节 培养未来环境艺术设计人才

一、环境艺术设计人才应具备的素质

（一）素质的内涵

我们所说的素质，指的是一个人基于自身的天赋，经过教育和环境的影响，所产生出来的一种相对稳定的、可以在一个社会中生存和发展的基本品质，这是一个可以在人与环境的交互作用下，外在表现为个人的一种行为表现。对高校而言，素质教育是指在全面落实党的教育方针的基础上，从整体上提高学生的教育水平，提高学生的综合素质。对大学生进行素质教育，主要是指大学生的政治思想道德素质，大学生的文化素质，大学生的身体和心理健康素质，大学生的职业技术和职业技能素质。而这一过程中，政治、思想、道德建设起着指导作用，是引导作用，应当置于首要位置。文化素质是基本，拥有一个良好的身体和心理素质是一个前提，专业技术和业务素质是一项技能，它是人们能够安身立命的基本。

（二）环境艺术设计人才应具备的素质

在环境艺术中，构想是一把钥匙，而构想又是设计的精神。要成为一名优秀的环境艺术设计者，必须培养一种善于构想的好习惯。经过四年的本科教育，学生应当掌握"由外到内"与"由内到外"的理念，将所要设计的目标的外在环境，现场条件，空间布局，与目标的使用功能，技术，经济，美观等因素相融合，并且能够在复杂的设计关系之中，将不利的因素转化为有利的理念机会，进而产生创意。并在"历史文脉"和"文化意境"两个层面上，运用历史、民族、本土的建筑形式和民族特色，来表达其所要表达的内容。第三，可以根据设计构想所呈现出的空间形态、所呈现出来的艺术效应、工艺特点等，提出设计构想的概念。第四，能够运用设计艺术中的形式美的创造法则，来塑造具有一定时期特征的环境艺术的设计意象，从而展现出一个时期的精神。

在环境艺术的设计过程中，空间是其设计的核心和实质。一位称职的环境艺术设计人才，在经过数年的设计学习后，必须熟练地从环境空间设计开始，以此为出发点，逐步理解和掌握其设计的规则和技巧，使得它所表现出来的设计目标，可以是一件称得上是一件真正意义上的环境艺术设计，同时又不会造成设计目标的表现语言的异化。因此，每个设计者都应该清楚，它所表达的全部意蕴都是以环境空间的艺术设计为中心的。

在当今时代，人们居住在由各种建筑所定义的空间地点里，同时，环境艺术设计者也依赖于意象对其进行造型。所以，一名优秀的职业设计师，应该具备对环境空间中各类意象的敏感和观察力，并具备良好的记忆力。在现代社会，各种各样的资讯和材料，已经充斥了人类的生存空间。所以，对于一名优秀的职业设计人员而言，必须要擅长准确地发现信息，选择信息，并将其运用到自己的工作中。但是，如何有效地利用和选择信息，则是以长期的、大量的、不断地积累和获取的信息和知识为前提，所以，一名有资格的专业设计人才，要努力地去阅读和收集信息资料。一名优秀的设计者应具备运用"图示语言"巧妙地传达设计理念的技能。这就要求设计人员要对徒手画、工具画渲染图与绘图，还要对设计模型进行制作等方面的设计意向表达技巧进行熟悉，还要对设计艺术的形式审美规则有更好的把握，只有如此，才可以在设计师心中，创作出一个美丽的艺术形象，让这个美丽的艺术形象呈现在大家的眼前。

二、环境艺术设计专业人才培养的意义

伴随着社会主义市场经济在我国的快速发展，社会有了很大的发展，人们的生活质量也有了很大的提升，因此，人们渐渐地对自己所住的周围的环境有了更多的关注，而且，他们对生活的需求和对环境艺术的品位也越来越高。而在这样的社会大环境中，"环境艺术设计"这个专业就诞生了，并在市场的持续认同中，逐步发展成了一个被社会普遍接受的独立学科。20 世纪中叶，欧美等经济发达的发达国家率先开展"环境艺术设计"这一专业，此后，各国都对该专业的发展予以广泛的重视。20 世纪 80 年代，环境艺术设计专业在我国开始发展，经历三十多年的沉淀与发展，我国在这一领域也获得很大的发展，并获得一些成绩。

近年来，在改革开放的良好背景下，中国的城镇化发展无论是在规模还是在速度上都达到前所未有的高度，这极大地推动环境艺术设计产业的发展，城镇化既给其发展带来机会，为社会培养的环境艺术设计专业人才可以满足市场的需求。对于环境艺术设计而言，其既是一项比较系统化的项目，又是一项对人们生活在生活中的整体设计，其内容涵盖公共空间，雕塑，室内，建筑，园林，装饰等艺术元素。正是因为这些元素，现在的社会对环境艺术设计专业的人才的需求也越来越高，所以，每个大学都要持续提升对人才的培养水平，提升学生的整体素养、职业技能、教师的教育水平，从而更好的服务于社会的发展。

三、环境艺术设计专业人才的培养原则

（一）要遵循预见性和适应性的原则

在当今社会，随着人才在求职中所面对的竞争与压力日趋加剧，我们必须以前瞻性的理念来进行环境艺术设计的人才的培养。目前，环境艺术设计专业的一个关键条件就是可以为社会的发展培养出一批实用型的人才，因此，在人才培养的过程中，必须要掌握好社会对人才的需要，做好人才需求的预测工作和人才需求调查工作，这样，学校在制定人才培养计划的时候就可以有依据，并且在人才培养的时候，要注重提升学生的工作适应性。这是由于教育与工作对于环境艺术设计在深度与广度方面的需求存在着差异，而且，不同的环境艺术设计者所面临的工作也存在着差异。这就对环境艺术设计专业的学生的素质提出更高的标准，他们的学习要更加扎实，更加全面，这样才能让他们在将来承担起社会对他们的需求，以及他们所肩负的使命。

（二）要遵循系统性的原则

在专业性和综合性上，环境艺术设计专业体现的更强也更显著。从教育内容方面来观察，在环境艺术设计专业的教育中，它的教育内容涉及到建筑学、绿化学、艺术学等诸多的领域，所以它的特征是渗透性、交叉性以及融合性。因此，在进行环境艺术设计专业的人才培养过程中，一定要将其自身的特殊性进行全面地思量，既要注重其学科的深度，又要同样注重其系统化的原则和要求。在这个过程中，如何拓展学生的知识的广度，增强他们的综合素质，提升他们的整体思维的水平，在环境艺术设计专业的人才培养中，都是比较关键的。

（三）要遵循特色性的原则

特色性的原则是指高校在提升环境艺术设计专业的针对性时，要根据学校的特色，从而在某一工作领域内，让本专业所培养的人才更强、更独特。具有不同基础和不同性质的学校都能够设置环境艺术设计专业的课程，但是对于景观类和建筑类的院校来说，它们的发展前景更为光明。这是由于从环境艺术设计产业的发展来看，园林和建筑与环境艺术设计之间的关系比其它产业更加密切，而且这一类型的大学能够把园林和建筑等当作主要的资源，从而提升环境艺术设计专业的人才培养水平。所以，各大学要与自己的特征相结合，找到并发掘出艺术设计专业人才培养的特色教育的切合点，从而促进环境艺术设计专业人才的发展。

（四）要遵循创造性的原则

这一原则可以反映在环境艺术设计专业的教育中，也就是在培养环境艺术设计专业的人才时，不仅要将有关的技术和知识教授给学生，而且要对他们进行恰当的指导，让他们可以自己去计划自己的环境艺术设计，并让他们去讨论和思考自己的设计方案。千篇一律的或相似的设计，不仅使得整个计划和工程失去了活力，而且也无法满足人类对空间的美学需求。所以，在环境艺术设计的课程中，应该重视学生的创造力，从而提升学生在艺术设计方面的创造力。

四、对环境艺术设计人才的培养策略

（一）提高学生的综合素质

在大学的环境艺术设计专业中，要从以往相对封闭性的学校走向开放，使其与社会、与市场需要相适应；从以教学为中心向以教学和科研为中心的发展，形成一种以教学、科研和生产为中心的新型设计教学模式。环境艺术设计是一门新兴学科，是一门集科技、环境、能源、生态和可持续发展于一体的学科。大学的设计教学也应该由原来的单科发展为学科集群，以发展跨学科和充分利用多专业的优势；对学生的培养，应该从以往注重设计技术和表现技术的建筑设计教学观念，转向综合型艺术设计教育，也就是注重对设计技术和表现技术的培养，并强化对环境艺术设计师所承担的多种社会功能的学习方向。此外，在教育过程中，教师对学生的教育也应该从重视知识的普及，逐渐转向重视对学生创新能力的培养，重视对学生的人格和品质的培育。过去那种熏陶式的设计教学模式，也应该逐步转变为理性主义与熏陶式相结合的教学模式，这样才能更好地提高学生的综合素质。

（二）拓宽环境艺术设计教育的领域

在目前的环境艺术设计教学过程中，教师应该更多地引导学生学会思考，学会学习，学会自己提出问题与解答问题，从而让学生明白自己在环境艺术设计中所应该担负的职责。学习能力和责任心是扩展其它技能的根本，只有拥有这种能力和责任心，学生们才可以持续地吸收新的知识，持续地学习到新的技能，也可以对社会负责，为大众服务，在环境设计领域中站稳脚跟。

五、未来环境艺术设计师的角色

虽然环境艺术师是一种新兴的职业，但在我国的国民经济和社会发展中，却有着举足轻重的地位。以城乡环境的建设需求为依据，利用艺术与审美的原则，并与相关的专业知识与技术相结合，对城市与乡村的城市与乡村进行艺术规划。在环境艺术者的心目中，应坚持艺术美学的综合应用原则，从空间、形态、时间、文脉、功能、色彩等方面，对环境进行一系列的总体艺术规划，编写文案方案。从艺术专项的角度出发，预先对整体规划展开干预，在整体规划确定的基础上，对周围的环境展开艺术规划，对空间区域的美学原理进行明确，让周围的环境能够获得一种美与和谐的状态，并展开对整体艺术规划及详细艺术规划的图纸、文字说明、模型等辅助说明工具的制作与表达。对环境的空间造型、尺度关系、环境公共设施系统、环境肌理系统、环境色彩系统、环境声音系统、光环境系统、环境标识系统等进行艺术方案设计与艺术深化设计。在项目的执行中，与委托方与建设方进行合作，对设计交底、施工监理、材料选择等各个方面进行协调与指导，以确保在执行的过程中，能够保证环境规划与设计的施工质量与审美品质，从空间、体量、色彩、自然、人文、材料、工艺、成本等各个方面，来达到将环境艺术化的目的，从而打造出多种适合于美好生活的环境。

身为一位环境艺术设计者，其创作的起点是艺术原理与技法，终点是艺术效果。它的主要功能和目的，就是要防止在城市和乡镇的建设中出现杂乱无章、不和谐、低俗、缺少文化水准等现象，并与其它相关部门进行紧密的协作，为维护和使用自然和人文的环境，使我们的生活更加美好，营造出一个宜居的城市、花园式的住区，营造出一个美丽的、舒适的生活和居住环境。而环境设计师则是一座城市走向的灯塔，为一座城市指明道路；他就像是一位有经验的舰长，用自己的文化修养，让这座城市变得更好，更和谐。

在环境艺术设计学科不断发展的今天，其所要处理的问题全局的，将涉及到环境整体的艺术效应，涉及到环境科学的艺术性和科学性。他们既有艺术家的特质，又有科学工作者的特质，又能把两者的特质有机地融合在一起，以全新的视角审视这个世界。它从一个全局的角度来审视问题，其所要研究的客体就是环境整体的综合的艺术。因此，他们具有丰富的人文素养，能够解决城乡建设的问题，将自然环境和人文环境合理地结合起来，建造具有地方内在精神的可持续发展的城市。在当前环境问题日趋严峻的情况下，他们对自然及人文环境资源进行有效的保护与使用，力求实现人文与自然并存，历史与现代共生，宏观与微观环境的协调发展，以及社会环境与人的和谐相处，这是他们的职责所在。在持续的摸索中，他们成为更具创造力的团队中的一股新生力量，因为多方向、多角度的艺术起点，让整个设计的所有层面都在一个整体的功能和艺术的结合下得到了发展。从整体布局到单体建筑，从园林绿化到室内设计，从共享空间到公众艺术作品，都尽量将整体设计理念融入到整个设计中。这种"全过程"与"系统性"，就是对环境艺术观念的具体反映。

以最大限度地尊重大自然和人类为前提，努力营造一个更舒适，更高效，更协调的，符合人类需求的，符合社会需求的，天然的人文环境。对环境艺术设计内涵进行深入的探索与扩展，从文化与艺术的角度对各种学科进行统筹，对在环境艺术中产生的各种问题进行全面的分析与处理。在进行实际操作的时候，不但要重视解决问题的方法，还要重视在处理问题的过程中所坚持的批判的思维以及对环境的整体艺术思维，这样才能为我们提供更为高效的智力支撑，使我们的环境艺术设计综合统筹的理论和艺术手段得到健全，培养出一批合格的环境艺术从业人员。这是一个新型环境艺术师无法逃避的使命。将来的环境画师正在与规划设计师、建筑设计师、园林设计师、室内装饰设计师、景观设计师、照明设计师等进行密切合作，每个人都有自己的专业，但是却能互相帮助，取长补短，一起发展。一起为对自然和人文环境资源进行保护与利用，将其进行美化，打造一个生态园林城市、花园住区，为营造一个美丽的人类生存居住环境，做出积极的贡献。

六、基于对环境艺术设计专业人才培养的思考

在当今时代，培养具有创造性的艺术设计人才，离不开高校的教学改革。在进行环境艺术设计专业的人才培养时，应该以当前的经济社会发展的实际情况为基础，并结合专业的教学实践，把传统文化和现代文明作为自己的背景和基础，把人类的需要作为一个前提，来进行理念的更新，来改变自己的思维方式，改变自己的教学体制，对课程体系进行改革，并对其进行创新，来调整自己的目标和服务方向，并在此基础上，对高等专科学校的学生进行多样化的办学，以此来对高职学生的专业知识结构进行优化，最终达到对职业教育的目的，培养出更多的环境艺术设计人才。

（一）环境艺术设计专业人才培养的合理定位

环境艺术设计就是将现代科技与艺术相结合，使人们能够更好地享受到美好的生活与工作。设计师不仅要学习人类在自然环境中的活动与需要，而且要精通现代科技，而且要熟知施工程序，能够对市场的发展趋势做出准确的预测。作为一种商品，需要通过实际工作来验证，并为社会所承认。本专业所要培养的不只是简单的艺术家，也不只是简单的工程师，需要学生具备专业必需的知识体系，同时还应强化其市场价值观念、人文关怀理念的教育，以及对其创新能力的培养。这就是一个好的设计人员所需要的专业素质。

1. 环境艺术设计的专业特点

环境艺术的产品是以个性化、标准化的形式呈现出来的，但是它还需要表现出产品本身所具备的物质与精神的二重性，表现出其实用、美观、经济等特征，这就需要在课程的学习过程中，将其内容的多样性体现出来。首先，设计就是它的作用。在人类生

活中，最重要的就是要实现人类的物质需要。心理需要是高于肉体需要的更高层面，也就是感觉需要。对环境艺术设计的基础知识，例如：制图知识、材料知识、加工工艺知识、计算机辅助设计知识等进行系统的学习，可以让学生们拥有一些解决设计适应性问题的基本方法。而在对其应用功能要求不高的情况下，对其关注倾向于对其形式性的关注。这就对环境艺术设计的工作人员提出更高的文化素养、学科常识和丰富的人生经验的需求，同时还要对其民族特色、地域文化和社会意识进行掌握，将其应用功能与美学功能相结合，从而获得创新的灵感。其次，就是"文化"这个词。在满足物质的使用功能之后，任何的设计都要符合人类的美学需求，从而产生生命。因为环境艺术设计会受到地方的文化和环境的限制，所以它们所为的目标是有差异的，所以就必须要让同学具备一些必需的历史知识和人文常识，这样他们就可以在一定程度上，将自己的作品与具体的环境需求相匹配。因此，在专业课中进行审美知识的教育就变得十分重要，如素描与速写，色彩的应用，多维空间的构建等等，都是十分有必要的。再者，经济因素。环境艺术是一种商品，是一种以市场为导向，以经济为导向的商品。要想达到最佳的经济效益和社会效益，在设计之前，要针对现状、需求、材质工艺等方面展开的市场调查，并对产品价值和成本的关系进行深入的分析，从而选择最合适的材料、结构和施工形式等。所以在教育过程中，还需要让学生具备市场营销学、设计心理学等方面的知识和技能，同时还要具备一些必要的法律知识，从而提高他们的法治意识。

2. 环境艺术设计学生的专业知识体系建构

在新的形势下，高等职业技术学院面临着推进素质教育，培养高素质技能型创新人才的历史任务。以环境艺术设计专业为例，提出以"以人为本"，以"以学生为中心"的"以人的全面素养和职业技能"为核心的教学理念。具有良好的设计表达技能。设计表述的主要形式有：概念草图，效果图，模型等，这些都是用来表述设计思想的工具。思想和创造力。"设计本身就是一种创作活动，它的生命力就在于创造性。"设计师的创造性是以深厚的知识底蕴和坚实的工作经验为基础，是观察力、理解力和想象力的有机结合。全面应用的技能。在当今的时代，人们对群体合作的重视程度越来越高，因此，在进行职业教育的过程中，人们所面对的问题已经不再局限于对专业知识的运用，而是越来越关注设计者是否具有能够适应环境需要的，能够将各种相关知识进行综合的能力。在教育过程中，通过适当的指导，能够使学生具备优良的设计品质，这对将来的设计者来说是非常关键的，所以，理想和价值观念的培育应当在一个完善的知识体系中进行。在环境艺术设计专业中，要注重学生的世界观和新的个性的形成。在强化个人意志品质特殊化的同时，还应该使他们摆脱自我约束，重获创造人格的本来面目。要想要培养学生的创新实践能力，就必须要在强化他们的操作技能实践训练的时候，还要有家长、行业和社会之间的积极合作，积极为学生搭建更多的成长平台。

（二）推进环境艺术设计专业教学改革

1. 调整人才培养方向

在设计教学中，应重视设计的人文性，重视对民族文化的发掘，重视对民族文化的挖掘。"先为国家服务，后为国际服务"，这句话在设计上也是适用的。首先，以"综合素质"、"人格教育"为基础，对艺术设计进行综合的创意与创作能力的培育与提升。其次，按照社会主义市场经济的要求和市场经济的发展要求，对专业方向和培养目标进行适时的调整，并对课程体系和专业进行优化。同时，还要对未来的市场发展进行前瞻性的预测，使冷热专业相互调整，合理搭配。与当地经济的特征相结合，立足于现实，逐步构建自己的高职教育特色。

2. 突显环境艺术设计特色

无论是哪一种材料形式的环境艺术设计，其所蕴含的文化意蕴都不尽相同。身为环境艺术设计专业的大学生，要具备深厚的人文素养，在设计出的作品时，要对其所在地区的历史背景、民族特点、经济概况、思想演变等带有民族化思想的因素进行综合衡量。高等职业技术学院的专业设置应突出"民族性"。开设社会学和人文地理学科；在教学内容方面，突出人文主义，强化民族精神，将多种有关要素有机地结合起来，培养并形成一种超凡的生活状态，并使其具有一种国家的责任感与使命感；在课程结构方面，要注重每一门课程之间的关联和难度，同时还要兼顾到每一门课程之间的连贯性，将整个课程系统进行完善，对基础课进行丰富并对其进行改进，将人文因素、民族精神、历史积淀等要素，将其应用到人才的培养过程中，使高等职业学校学生的民族精神得到更好的发展。

3. 加强师资队伍建设。

与之相比较，高职院校的教师队伍的专业化程度比较差，因此，高职院校应该在教师培养、转岗培训以及专业人才的引入等方面，加速教师专业知识的更新与提升，从而让教师的教学、科研、实践操作能力得到进一步的提升，从而满足职业教育迅速发展的需求。采取"以老带新"、"以新促老"和"以评促教"的方式来提升教师的综合素质；通过举办主题教研、学术研讨等形式，使教师相互学习，相互借鉴，拓宽视野，提高教师的教学水平。通过学历教育，专业进修，岗位培训，挂职锻炼，全面提升教师综合素质。改善教育方式，改善教育效果。在进行专业课教学的时候，应该对现代化教学手段进行充分运用，实行课堂、实验和网络教学三位一体，相互促进，达到教学过程的交互效果，对高职学生的实际操作能力进行全方位的提升。运用自主学习，探究学习，合作学习等多种方式，以达到全面发展的目的。建立以计算机，网络，多媒体为主要载体的新型教学方式；创造一个教育环境，将学生的学习积极性和参与性充分地激发起来，将不同的教育方法结合起来，达到最优的教育过程，达到最好的教育效果。

身为环艺专业的教师，我们要建立起一种时代的意识，改变自己的思想，以市场的要求和职业教育的特点和要求为基础，立足于自己的国家，积极地抓住自己的时代的脉搏，在构建自己的环境艺术设计的过程中，要进行一些大胆的变革，要勇于创新，注重对学生的专业素质和职业能力的提高，从而打造出一批能够满足社会要求的高素质的环艺设计专业的人才，为社会提供更多更好的作品。

七、建筑室内环境艺术设计的人才培养

室内设计的本质就是通过艺术的方式，在一定程度上改变人类居住的环境，达到对其进行设计的目的。建筑的室内环境艺术设计，指的是人们对营造一个美好的家庭生存环境的一种追求，逐渐地，人们对工作环境、休闲环境以及其他生活环境的设计要求得到提高。这既是人们生活的物质水平得到提升后的一种表现，也是人们对精神追求的必然发展规律。尤其是，对美好的生存环境的追求，是人们生存的最根本的要求。建筑内部的环境跟人们的生活有着密切的关系，它对人们的审美、心情、生活质量以及生活情趣都有很大的影响。所以，创造出一个良好的建筑内部环境的艺术设计，并对专业的设计人才进行培养，这是一个迫切需要解决的问题。

（一）我国建筑室内环境艺术设计教育的理论基础

随着我国教育事业的发展，许多新的观念对教育观念产生巨大的影响。在国外各种先进的理论和设计理念的冲击下，国内的环境设计业界已经认识到，室内设计并非是单纯的理论学习和堆积，在经历了最初的环境艺术教育的探索时期后，逐步地摸索出一条将哲学、艺术、物理、心理等多个领域融合在一起的设计教学理论，这个时候的室内设计呈现出多元化的样式，同时也更加重视对设计的作用的发展，着重强调人文情感的重要性。在这个时代，由于社会分工的日益精细，以及对艺术和美学的需要也在日益提高，所以对于建筑内部环境艺术设计的人才也提出更高的要求，而原先以精英教育为主的设计师培训方式，已不能适应社会对设计人才的需要。尽管我国的室内环境艺术设计教育起步较早，但其发展依然十分迅猛，尤其是近几年来，随着房地产行业的持续发展，我国的室内环境设计进入一个发展的黄金时代，各类高质量的作品不断涌现。

（二）我国建筑室内环境艺术设计培养人才的定位

根据我们国家在建筑室内环境中的艺术设计教育，尽管在室内环境艺术设计教学中采用国外的教学方式和教学思想。而伴随着其在中国的文化土地上的发展和普及，室内环境艺术设计教育符合国民生活质量的要求。尤其是，在经历了几年的教学实践之后，当前我国亟需发展可以凸显我国民族个性、民族精神、民族文化的环境空间设计技能，所以我国在对建筑室内环境艺术设计人才的教育定位方面，要始终与时代同步发展，提高我国的艺术设计人才在世界范围内的竞争力。

（三）建筑室内环境艺术设计人才的培养策略与对策

1. 正确认识时代发展的背景

21世纪是一个信息发展迅速，交流速度极快的年代，所以要想让我们的建筑室内环境艺术设计的人才更好地发展，就一定要做好充足的心理准备，要认清世界上的大趋势，要与世界上最好的艺术和设计教学相融合，要把最好的教学理念、方法和内容引入到我们的教学当中，要把我们的流行元素和我们的传统文化有机地融合在一起，传承我们的传统文化中的装饰设计精华，让我们的建筑室内环境艺术设计人才既能跟上潮流，又能保持我们自己的民族风格。比如，在对建筑设计人才进行培训的过程中，要鼓励他们能够及时了解到国际市场的发展动向，还要对国内外的各类有关建筑设计等方面的竞赛给予重视，用竞赛和实战来对自己的设计水平进行检验，查找不足之处，从而提高自己的设计水平。

2. 深化设计专业教学内容与教学理念的改革

要想让建筑室内环境艺术设计的教学与科学技术的发展同步，就需要在教学内容和教学观念上进行改革，要主动地引入国际和国内的先进的设计理念和设计潮流，并对其进行借鉴，从中总结出一些成功的经验，从而不断地去除其糟粕，取其精华，将设计教学的具体内容贯彻到适合于教育管理和实践教学的课程体系之中。唯有落实好教育工作，才能真正推进建筑内部环境艺术设计人才培养的实践，进而带动全学科的教学工作的变革。使用定期举行的建筑室内设计交流会、带领学生到现场进行调查和研究的方法，持续改进教育的内容和教学方法，拓宽学生的设计思路与设计角度。尤其是现在，许多电视台都引进室内设计真人秀节目，在激烈的游戏竞争与实力考验中，对学生们的应急处理问题的能力进行磨练，同时，丰富的奖品对参赛选手们也是一个很好的助力，使用这些奖金，参赛选手们可以做的事情很多。

3. 调整师资结构

作为一名师者，他的作用就是传道受业解惑。教师队伍的水平是促进建筑室内环境艺术设计教育发展的先决条件和保证，教师队伍的素质水平对人才培养的整个过程以及学校的办学品质产生重要的影响，因此，构建一支能够与经济社会、社会发展相匹配的教师队伍，对当前教师的实际操作技能与知识结构进行优化已成当务之急。各所大学都有自己的特色和特长，在此基础上，开展教师之间的经常性的学术交流，以达到信息的交换和深化的目的，使大多数的教师能够进行富有创意的"头脑风暴"，从而提高教师的创造力，并以其良好的心态来感染和引导设计专业的学生。另外，学院还邀请资深的建筑装饰专家，为学生提供有关业界的信息。各大专院校利用资源共享的方式，共同组建一个建筑内部环境艺术设计教育培训班，并邀请国内外的专家来对其进行讲授，让设计专业的教师们在持续的学习过程中，对自己的知识结构进行优化，进而提升自己的教学质量和教学效果。

4. 加强对学生设计能力的培养

社会对建筑室内环境艺术设计专业的一个需求，就是要具备较强的实践操作能力，它对学生的整体素质有着较高的要求。所以，在进行教学的时候，在提高学生的基础设计能力的时候，要将社会对人才的特定需求纳入其中，从而达到教学的前瞻性和预见性，还要重视对学生的操作能力、创造力和创新能力的提高，为他们提供更多的实习和实践的机会，让他们能够从实践中获得更多的经验，从而使他们能够更好的了解环境艺术设计的相关内容。

5. 建立系统的人才培养体系

建筑室内环境艺术的发展不可能被隔离开来，在开展艺术设计教育的过程中，还要推动多个层面的人才培训项目，构建出一套可以适应不同层面需要的专业人才培训系统。比如，在进行好建筑室内环境艺术设计教育的时候，也要强化对人群审美情趣发展的分析，以需要发生的变化为依据，不断地对自己的设计理念进行调整，这样在完成自己的设计工作后，就可以获得社会的认同，从而让自己在所从事的事业中拥有自己的价值。

6. 完善竞争机制

有了竞争，就有了压力，有了压力，就有了动力。随着建筑室内环境艺术设计的发展趋势越来越强，其内部的竞争压力也越来越大，在培育杰出的设计人才时，要将竞争机制发挥到最大，最大限度地激发学生的学习热情，使其始终处于一种最有生命力的工作状态，这样才能做出有影响的作品。要让竞争机制得到健全，学校应该对筛选出来的人才予以足够的关注，以自身的实力为依据，优先向学生们提供就业的机会，或者是留学的机会等，以此来提升竞争的有效性。但也要确保竞赛的健康进行，不然过大的竞赛会浇灭学生的热情。

7. 构建理论、实践、就业一体化发展的培养机制

理论的学习是人才培育的基础，在对建筑内部环境艺术设计人才进行培育时，理

论仅仅是培育机制的一部分，更要重视实践能力的培育，构建理论学习、实践操作、优化就业的培育机制。学校可以充分发挥自己的人才与教育的资源优势，建立一个由师生共同管理的设计室，让学生在学习一门新的课程之后，可以将其应用到实际工作中去，还可以让他们与最前沿的设计团队进行交流，让他们体会到设计带来的快乐，更好更有效地对学生的设计能力进行提升。

当前，在我们国家，对建筑室内环境艺术设计教学进行改革，对人才培养方案的发展，还有很长的路要走，这就要求我们的艺术设计教育者和实践者，继续不懈地努力和探讨。目前，人们对建筑物室内环境的设计专业的要求越来越多样化，在中华传统的文化背景下，将现代的设计思想、设计元素和设计风格融合到一起，使其具有鲜明的国家特征，并做好对教育者的培养，整合各个专业的教学资源，构建具有自己特色的设计专业课程，开展环境设计专业的实践和改革，为国家的环境设计专业培训提供更多的高质量的专业技术人员。

第六节　加快我国环境艺术设计国际化发展

我们正在进行关于国际环境艺术教育的调查，这符合国际环境艺术教育的发展趋势。高等教育的国际化究竟是怎样的一个概念？一般认为，高等教育国际化指的是加强国际高等教育的交流与合作，对国家的教育市场进行主动的开放，并对国际教育市场进行有效的运用，在教学内容的设置和教学方法的执行上要吸收国际上的交流。它是伴随着全球经济全球化的不断发展而出现的一种理念，在此理念之下，学校将重点放在对大学生进行与社会国际化相匹配的教育上，与此同时，加强大学生的国际意识，并推动他们对国际文化的了解与学习。

一、环境艺术设计教育的国际化发展适应全球化发展趋势

（一）全球化的发展趋势

20世纪，世界经济的发展和政治的进步，以及高科技的进步，使我们走向世界一体化。在这个潮流中，我们面临的是全球市场，我们面临的是越来越多的竞争者。所有的资源都在全球化的推动下，被更好地分配，这就导致世界上各个国家之间的相互依赖。

同时，全球化还促使高级环境设计教育的国际化，促使国家间的教学和教学资

源的协作和交换，使不同国家的教学市场得以充分开放，并实现教学资源的共享。与此同时，这也给我们的教育带来新的需求，如何培养能够满足全球化需要的人才，这已经是对教育全球化进行研究的一个重要方面，也是世界上许多国家都在思考的问题。

（二）环境艺术设计教育国际化的趋势

首先，有哪些可以从其它国家学习的教训。许多国家已根据自己的国情，确立国际设计教育的发展方向。以日本为例，从上个世纪起，政府便对日本设计给予高度重视，先后设立专门管理机构，制定标准法规，组织设计交流，制定设计策略，为日本民众带来一种现代化的生活型态，也为日本的对外输出做出贡献。在芬兰，各政府采取行动，制订专门的设计方针，将设计视为全国革新制度的一部份，以便提高人民的生活品质，增强民族的国际竞争能力，并改进人民的人居环境。

其次，对国家的国际环境艺术设计教育进行研究。伴随着我国改革开放的深入，我国也为我国的环境艺术设计教育的国际化作出了一定的努力。中央艺术学院和澳大利亚格里菲斯大学的昆士兰艺术学院是中国第一个"中外合作"艺术学院的艺术院校。在借鉴国外经验的基础上，我国各级学校的环境艺术设计专业也应该根据国际教育的要求，制定相应的培养目标。其内容主要包含以下几个方面：一是提高学生的国际化设计概念和国际化设计的认识；加强与世界其他国家的交流，强调对不同国家文化背景下的具体需求的重视；提高艺术设计类人才的交流和英语水平。

二、环境艺术设计教育的"开放型"办学之路

所谓"开放型"，就是把学校的教学、研究和设计活动同社会、市场和生产相结合，让学校的教学与社会实践能够即时、积极地进行互动，推动学校的教学活动社会化，研究设计的市场化，学校的交流国际化，从而让学校的设计教学与社会、经济之间建立更为密切的相互依存与推动的关系。"开放型"的环境艺术教学模式，并不是一成不变的，而是要根据地区、学校、专业的实际条件和需求，进行多种选择和试验，根据实际，不拘一格，创造出自己的特点。"开放型"不仅是一种方式、一种手段，更是一种思想、一种能力，它包括一种思想，一种思维方式，一种行为方式，以及一种行为观念的开放性。因此，在我国的环境艺术设计教学中，因此，在我国的环境艺术教学中，在学生中，在老师中，都应该有这样的理念与能力。唯有如此，才能对多种模式与方式进行开发与运用，将这个学科中的人类智力的最新结果融合在一起，使自己站在时代的前沿，从而变成一个促进社会进步的主要推动力。

（一）开放型环境艺术设计教育的特点

开放的环境艺术教学能够使学生在学习过程中得到实时的社会资讯，从而更快更直观地把握社会、生产与科技的发展趋势。"开放型"的环境艺术教学既可以拓宽学生的知识面，又可以使他们充分地利用自己的主观能动性，有选择地、主动地吸取新的知识，增强他们的自主学习能力。这对提高学生的适应能力、应变能力和动手能力都有好处，尤其是他们在实践工作中，可以在社会实践中，对课堂学习的结果进行检验，将课程的知识与来自社会、生产和市场的知识进行融合，从而让学生能够更快地与社会接轨。有利于教师吸收、融合、发展世界上环境设计及有关学科的最新的知识与结果，使环境设计的教学内容得到不断地充实、充实、更新，有利于教师们在探索新的问题、对新的领域、对新的课程进行探索。可以让教育与社会形成相互交流、补充、协调和促进的关系，提高环境设计教育对社会和经济发展的适应性，这与教育向社会化发展的趋势相一致。有利于将教学成果、科研成果和设计成果进行直接商业化，并将其转化为生产力，从而创造出社会和经济效益。让设计教育可以借用社会的力量，形成一种自我调节、自我装备、自我完善、自我发展的学科发展模式。

（二）解决好开放型与传统设计教育的关系

同时，在市场经济中，传统的封闭思想和负面的市场因素共存，使我们的环境设计教学走向"开放型"，无可避免地要参与到市场中去，无可避免地要以经济效益为目的。但是，因为受到一些负面的市场因素的干扰，经常会产生一些对教学和教育发展漠不关心的现象，有些人更是与课程的内容和需求背道而驰，这些人只是为了追逐当前的经济利润，而做出一些短视的、急于得到回报的举动。在这一问题上，一是我们既不能因为一时的气馁而放弃学校"开放型"的发展目标，也不能受传统思想的约束。二是要在实际工作中，对教育与市场的联系有深刻的理解，正确把握市场的短期利益与长远发展的长远目的的冲突，把市场的负面影响转化为正面影响，探讨市场经济环境下设计教育的"开放型"运作规则，这也是我们亟待解决的问题。

（三）着眼于世界的开放型办学之路

当今时代，科技、文化、艺术无疆界，尤其是在当今的信息化时代，全球范围内的国家之间进行着快速而又迅速的沟通，使得许多方面都在飞速地发展，而在这种大的沟通中，全球的设计教育也获得前所未有的发展。我们的环境设计教学要面向世界，要增强我们的开放观念，要增强我们的开放行为能力，要面对新科技的冲击，要持续地学习和把握新的传播方式与方法，要在我们的教学中创造一种以国际为中心的"开放型"大交流氛围，让我们的教学与国际接轨，这样才能逐渐缩短与国际间的距离，早日追上甚至超越国际上最好的教学质量，力争成为国际上最好的教学质量。

三、环境艺术设计的基础教育改革

（一）环境艺术设计基础教育的意义

在国际化理念下，设计对学生的教育不仅要重视本土文化教育、专业理论和技术知识的教育等，还要加强对外语、计算机、数理课程等基本课程的教育，这样可以让学校培养出与国际相媲美的环境设计人才，提高学生在国际设计市场上的竞争能力，这既是世界上各个国家教育内容现代化的需要，也是环境设计教育的需要。在国内，因为长久以来，缺乏对文化课的需求，造成学生成绩不佳，考不上大学而转读艺术与设计专业的情况。而进入学校后，语文底子较差的同学，则必须在基本功上下功夫，才能跟上将来的社会发展和国际化的需要。数学学科可以使我们更加理智，更加科学的思维和创作；语言有助于推动国际设计的沟通；由于电脑拥有海量的资讯，以及它的快速、便捷的处理能力，我们可以有更多的时间来反思自己的设计理念，设计思想，设计的知识体系，并对其进行修正。

（二）封闭型转向开放型教育的转变

"开放型"的环境艺术教育，并不意味着否认教室里的教育与学习，也不意味着任何对社会与世界的教育都是"开放"的，或者是某种短期利益的做法，相反，我们应该用一种开放性的思想来探讨教育与社会，企业，市场的相互影响，从而建立起一种生机勃勃的"开放型"的新的教育与教学体系。因此，从"封闭型"到"开放型"是一种质量上的改变，但这也是一种量上的改变，一种从课程内容到教学方法，再到观念、制度、机制，再到行为上的改变，一种在社会上、在公司里都能看到的教育教学管理机制。综上所述，要使环境设计教学从整体上向"开放型"转型，还有待我们坚持不懈地进行。

四、环境艺术设计教育国际化呼唤艺术与科学的统一

（一）教育内容实现科学与艺术的统一的原因

首先，艺术和设计的发展离不开科技的力量。放眼20世纪，在这些国家中，几乎没有一个是不受惠于科技和工业生产的。有些国家是使用物质，有些国家是使用方

法和技巧，有些国家是使用新观念或新视野，有些国家则是使用新的动向趋势或整体的生活环境。印象主义之光辉，源于对颜色之科学的认识；而高科技的建筑和智慧的空间，则是以对最新科技的巧妙运用而命名的。像法国蓬皮杜文化艺术中心，香港汇丰银行大楼，日本关西国际机场大楼，以及美国丹佛机场大楼，都是具有代表性的艺术和技术相融合的建筑物。众多的环境艺术设计专业都是以科学性为依据而设立的。比如透视学，光学，建筑学，色彩学，计算机理论，建筑力学，生态学，结构工学，材料学等等。

其次，在教学中要加强不同民族和国家间的了解。让被教育者意识到自己国家的文化本质，并认可其它国家的文化，这是学校教育的一项主要任务，唯有如此，人们之间的互相了解和谅解，才能培养出他们的国际主义责任意识，并促使他们自觉地履行起自己的国际责任。作为环境设计专业的教师和学生，更应该与世界经济、文化的发展需求相匹配，打破思想和文化上的隔阂，为推进经济全球化做出贡献，从而提高世界范围内的交流水平。

（二）处理好教育国际化与教育多元化的关系

首先，多样化体现我们能够借鉴他人的思想，而国际主义体现我们之间的共性和不同之处，能够极大地改变我们的思想方法，发挥我们的创造力。我们的创意共享一定会对大家都有好处。

其次，不应将"全球化"转化为"美国化"，那样将会使中国的高校的环境设计教学失去自身的民族特色。本土化、多元化并不能取代全球化，它不能成为落后体制、拒绝先进文化的借口，而全球化也不能完全否定本地化，排斥多样化，二者应当是相辅相成、对立统一的，共同为我国的环境艺术设计事业做出自己的贡献。

参 考 文 献

[1] 飞新花 . 环境艺术设计理论与应用研究 [M]. 长春：吉林大学出版社， 2021.04.

[2] 刘博，王卓 . 环境艺术设计与创新实践研究 [M]. 长春：吉林艺术出版社，2020.05.

[3] 孙明慧 . 环境设计专业人才培养模式研究 [M]. 吉林出版集团股份有限公司，2020.06.

[4] 俞洁 . 环境艺术设计理论和实践研究 [M]. 北京：北京工业大学出版社， 2019.11.

[5] 韦学飞 . 环境设计专业应用型人才培养的探索与创新 [M]. 长春：吉林艺术出版社，2019.01.

[6] 王刚编 . 环境艺术专业表现技法 [M]. 武汉：武汉理工大学出版社， 2019.11.

[7] 李永慧 . 环境艺术与艺术设计 [M]. 吉林出版集团股份有限公司， 2019.04.

[8] 罗媛媛 . 环境艺术设计创新实践研究 [M]. 北京：现代出版社， 2019.01.

[9] 涂争鸣 . 艺术设计 [M]. 长沙：湖南师范大学出版社， 2019.03.

[10] 周梅婷 . 艺术理论与艺术设计 [M]. 长春：吉林人民出版社， 2019.11.

[11] 王鹤 . 环境设计专业公共艺术教学实训 [M]. 天津：天津大学出版社， 2018.01.

[12] 邹一琴，郑仲桥，鲍静益 . 应用型本科人才弹性力 [M]. 南京：东南大学出版社，2018.10.

[13] 胡卫华 . 环境艺术设计的实践与创新 [M]. 江苏凤凰艺术出版社， 2018.12.

[14] 唐家路，张爱红著 . 中国设计艺术 [M]. 济南：山东教育出版社， 2018.12.

[15] 权凤著 . 环境艺术设计表达与课程教学 [M]. 北京：研究出版社， 2018.05.

[16] 曹云华，张红燕 . 艺术设计 [M]. 成都：电子科技大学出版社， 2018.01.

[17] 樊岩绯，王朋，李晓峰 . 环境艺术设计教学与社会实践 [M]. 延吉：延边大学出版社， 2018.03.

[18] 马磊，汪月 . 环境设计手绘表现技法 [M]. 重庆：重庆大学出版社， 2018.09.

[19] 王大为，陈明明，陈姝潓 . 当代艺术设计教育 [M]. 北京：九州出版社， 2018.05.

[20] 宁吉 . 环境艺术设计理论与实践 [M]. 长春：吉林艺术出版社， 2017.01.

[21] 吴宗建，郑欣，翁威奇 . 环境设计专业教育研究 [M]. 广州：暨南大学出版社，2017.08.

[22] 奥瑟·瑙卡利恁著；肖双荣译；陈望衡校 . 环境艺术 [M]. 武汉：武汉大学出版社，2014.09.

[23] 张天臻，吴晓琪 . 环境艺术设计表现技法 [M]. 上海：上海人民艺术出版社，2012.01.

[24] 陈斌，李淼，尹航 . 环境艺术设计表现技法 [M]. 重庆：重庆大学出版社，2010.05.

[25] 环境艺术设计工作坊 . 环境艺术设计教学与研究 [M]. 北京：高等教育出版社，2010.12.

[26] 王芳，刘梦园，王海婷 . 环境艺术设计初步 [M]. 合肥：合肥工业大学出版社，2010.01.

[27] 董万里，段红波，包青林 . 环境艺术设计原理 上 [M]. 重庆：重庆大学出版社，2007.08.

[28] 章锦荣，刘辛夷，郭笑梅 . 环境艺术设计专业课程教学 [M]. 天津：天津人民艺术出版社， 2007.01.